U0175816

大规模水风光互补
调度技术与应用

唐茂林　黄炜斌　余　锐　赵永龙　张　蓓　马光文　著

企业管理出版社

ENTERPRISE MANAGEMENT PUBLISHING HOUSE

图书在版编目（CIP）数据

大规模水风光互补调度技术与应用 / 唐茂林等著.
—北京：企业管理出版社, 2020.11
ISBN 978-7-5164-2249-6

Ⅰ.①大… Ⅱ.①唐… Ⅲ.①水电资源 − 资源开发 −
中国 Ⅳ.① TV7

中国版本图书馆CIP数据核字(2020)第188301号

书　　名：大规模水风光互补调度技术与应用

作　　者：唐茂林　黄炜斌　余　锐　赵永龙　张　蓓　马光文

责任编辑：蒋舒娟

书　　号：ISBN 978-7-5164-2249-6

出版发行：企业管理出版社

地　　址：北京市海淀区紫竹院南路 17 号　　　邮编：100048

网　　址：http://www.emph.cn

电　　话：编辑部（010）68701661　发行部（010）68701816

电子信箱：1502219688@qq.com

印　　刷：北京虎彩文化传播有限公司

经　　销：新华书店

规　　格：700 毫米 × 1000 毫米　16 开本　13 印张　215 千字

版　　次：2021 年 5 月 第 1 版　2022 年 6 月 第 2 次印刷

定　　价：58.00 元

前　言

　　面对全球日益严峻的能源和环境问题，开发清洁低碳能源已成为世界很多国家保障能源安全、应对气候变化、实现可持续发展的共同选择。我国是世界上最大的能源生产国和消费国，开发水电和风能、太阳能等新能源是贯彻能源生产和消费革命的战略，是建设低碳、安全、高效的现代能源体系的有力抓手，是推动我国能源转型发展的重要举措。

　　西南地区是我国水风光清洁能源资源最为丰富的区域，是国家优质清洁能源基地、"西电东送"基地和水风光互补示范基地，在国家能源安全新战略和高质量发展中具有举足轻重的地位和作用。近年来，在习近平总书记关于能源"四个革命、一个合作"的战略指引下，西南水电及新能源发展迅速，水电及新能源在能源结构中所占的比例不断提高，极大缓解了我国过度依赖化石能源的压力。然而，由于风能、太阳能资源的波动性和间歇性，大规模新能源发电并网对电力系统的规划、运行、控制等各个方面带来前所未有的挑战，对电网的影响范围也从局部地区扩大至整个系统，对电力系统的安全稳定运行提出了新的更高的要求。

　　西南地区不仅水风光资源丰富，而且水风光具有天然互补规律，风力发电常常春季风大，夏秋季节风小，白天风小，夜间风大；光伏发电夏天日照强，冬天日照短，白天有日照，夜间没有；水力发电汛期河流流量大，枯期流量小，水风光形成了一定的天然互补关系。另外，西南地区各大流域均已（在）建大型水库电站，一是可以利用水库的调蓄能力，对风电、光伏发电的随机性、间歇性进行有效调控，提高水风光联合电源电能质量，有利于电网安全稳定运行；二是能够充分利用西南已有和规划建设的"西电东送"通道，实现水风光打捆送出，大大提高水电外送通道利用率；三是水风光互补调度既能解决风电和光伏发电目前上网难和"三弃"问题，又能在流域水能资源开发的基础上，打造水风光互补清洁能源基地，有利于流域风能、太阳能资源的大规模开发。因此，水风光互补调度运行是利用其多能互补自然规律，实现新能源大规模开发利用的重要途径，是清洁能源资源优化配置，切实缓解弃水弃风弃光问题的重要手段，是促进可再生能源布局优化和提质增效，加快推动我国能源体系向清洁低碳模式转变的必然选择。

近年来，国家电网西南分部会同国内有关研究单位，完成了多项水风光互补调度技术研究课题，并成功应用于西南电网日常生产调度运行，取得了良好的经济效益和社会效益。为总结水风光互补调度运行研究与应用的最新成果，特组织编写《大规模水风光互补调度技术与应用》，以期为水电及新能源相关专业领域的研究与应用提供借鉴和参考。全书共7章，第1章由唐茂林编写，第2、3章由余锐、赵永龙编写，第4章由黄炜斌、朱燕梅、张歆莼编写，第5、6章由张蓓、王靖、周开喜编写，第7章由马光文、陈仕军编写。本书出版得到了国家电网公司西南分部科技项目（SGSW0000DKJS1900112）的资助。本书在编写过程中，还得到了国家电网四川省电力公司、四川大学等单位以及有关专家、同仁的大力支持，另外，本书也吸收了国内外有关专家学者在这一领域的最新研究成果，并在书中标明了相应的参考文献，在此，一并向相关学者表示诚挚的感谢。

水风光互补调度技术具有一定的前瞻性，许多理论和实践问题尚处于研究探索之中，加之作者水平有限，书中不当之处在所难免，恳请读者批评指正。

作 者

2020 年 7 月于成都

目　录

第1章

水风光互补调度原理概述

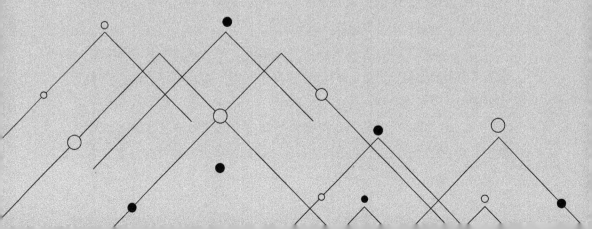

1.1 风光出力特性

1.1.1 风电

1. 特性指标

（1）理论出力。指根据其代表测风塔和区域的代表机型的理论功率曲线进行计算的所有单台风电机组出力之和。

（2）实际出力。指在理论出力的基础上，综合考虑功率曲线折减、尾流影响、功率曲线保证率、风电机组可利用率等多种因素后的出力。

（3）保证出力。指电力系统对风电要求的保证率对应的出力，用于分析风电场的年出力特性。

（4）月出力特性。指风电场月平均出力，用于反映风电场年内出力过程。风电场风能资源分布有明显的季节性差异，风速的季节变化直接造成了风电场年内各月出力的季节性差异。

（5）日出力特性。指风电场的日平均出力，用于反映风电场月内出力过程。风电场日出力特性受季节因素影响较大。一般大风月日变化较大，小风月风电场的日变化较稳定，出力起伏不大。

（6）日内出力特性。指风电场的小时平均出力，用于反映风电场日内出力过程。从日内出力过程统计资料看，风电场的日内出力过程具有较强的随机性，因此，既要分析某一时段（如：一年、一个月）的平均日内出力过程，又要选取典型日。

（7）出力变化率。指某时段内风电场最大出力与最小出力的差值占装机容量的比例，用于反映风电场的出力变化、波动特性。出力变率代表的是风电场出力变化的幅度。

（8）出力频率特性。为了考察风电场出力的分布情况，将出力系数按 0.05 的步长划分为 20 个区间，各个区间内的出力系数的数量就叫作频数，每一区间的频数与出力系数总数的比值叫作频率。从频数或者频率的大小可以知道每个小范围内出力系数出现次数的多少，用于反映风电场出力的分布情况。

（9）出力—电量频率特性。为了考察风电场出力—电量的分布情况，将出力系数按 0.05 的步长划分为 20 个区间，落在各个区间内的出力系数对应的发电量与总发电量的比值即为出力—电量频率，用于反映风电场各出力系数区间的电量分布情况。

（10）同时率。又称集群效应系数，定义为采样时间内风电集群最大可能出力与同一采样时间内风电集群装机容量之比。$k = \dfrac{\max P_\Sigma}{\sum P_i}$，$P_\Sigma$ 为待分析风电集群总出力，P_i 为风电集群中各子风电场装机（并网）容量。同时率表征多个风电场的综合容量利用率，反映了风电集群的最大可能出力，应用于长时间尺度（日、周、月、年）下风电空间相关性分析、电网规划中电力平衡以及电源接入系统研究等方面。

2. 风电场出力计算方法

（1）根据代表风电场测风数据和代表机型标准空气密度下的功率曲线计算单台风电机组出力，结合风电场风电机组台数得到风电场理论出力。

（2）在理论出力的基础上，综合考虑空气密度、尾流影响、功率曲线保证率、风电机组可利用率等因素，对理论出力进行修正，得到风电场实际出力过程。

（3）根据代表风电场出力特性确定该地区其他风电场的出力，进而确定整个基地内规划风电场的出力。

3. 风电出力特性

本节以西南电网某流域的代表性风电场为例进行月出力特性分析。该风电场装机规模 109.5MW，年均出力达 23.78MW，容量系数 0.217，等效年利用小时数 1902.4h，其逐月平均出力情况如图 1-1 所示。

风电的出力不受控制，有较强的随机性，平均出力不能反映月内

3

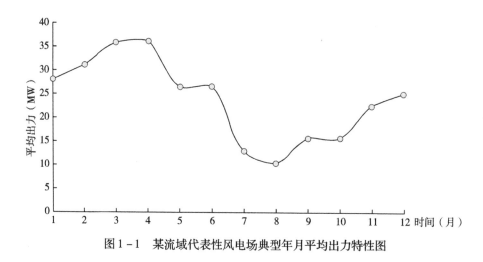

图 1-1 某流域代表性风电场典型年月平均出力特性图

的出力过程，难以完全反映风电的特性。所以，本节通过分析日出力变化，进一步挖掘风电出力特性。从历史日出力统计资料来看，该风电场一天之内连续大风、风电场满负荷运行的情况和连续小风或者无风、风电场出力为零的情况均存在，即该风电场的日出力特性是随机的，很难选出有代表性的日出力特性。因此，统计每个月风电在 24 小时内的平均出力变化过程，并据此分析风电的日出力特性，结果如图 1-2 所示。

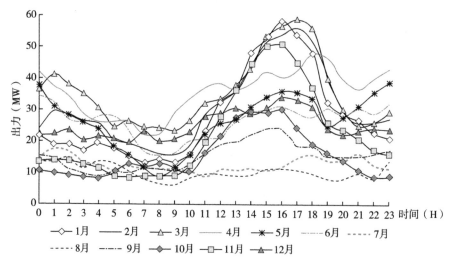

图 1-2 某流域代表风电场分月 24 小时平均出力特性图

从图 1-2 中可以看出：无论哪个季节、哪个月份，一日之内大多数风电出力过程都有峰谷时段，出力最大值一般出现在 15 时到 18 时，出力最小值一般出现在 7 时到 9 时；出力从 0 时开始呈下降趋势，降至 8 时逐渐回升，在 16 时左右达到一天当中的峰值，随后出力减小，到 19 时左右又开始慢慢增大。结合月出力特性可以得到，1 月到 4 月风电出力较大，绝大多数时刻出力均高于其他月份相应时刻出力，且峰值较大，可以达 50MW 以上，7、8 月份出力较小，基本在 20MW 以下，出力过程曲线相对平缓，起伏不大。

对该流域风电进行长系列统计分析表明以下情况。

①年出力特性较为一致，当设计保证率 P = 50% 时，出力百分率在 9% ~ 14%。

②月出力变化规律基本一致，一般 11 月到次年 4 月出力较大，7 月到 10 月的出力较小。月际变化较显著，呈冬春季大、夏秋季小的特点。

③一般小风季节，日出力特性较为稳定，相邻两日出力变化幅度较小；大风季节，日出力变化幅度较大。

④小风月日内出力相对稳定，大风月日内出力变化幅度较大，下午和夜间小时平均出力相对较大，上午较小。

⑤日内出力特性受季节因素影响较大。冬春季节，大部分风场每天的日内出力符合一定的规律，部分天数日内出力随机性较大；夏秋季节，每天的日内出力变化幅度均较小。小时出力最大正、负变率在 66% ~ 90%，频率在 10% 以上相应的正负变率值在 18% 左右。

从出力累计频率特性看，代表风电场的出力系数主要集中在 0.5 以下，占 80% 以上；出力系数在 0.7 以下的时间占 90% 以上。出力系数在 0.5 以下的累计电量频率约为 50%；出力系数在 0.75 以下的累计电量频率约为 75%，对于实际运行的风电场，由于"平滑效益"的作用，在较高出力区间的电量会减少。

就同时率而言，该流域风电出力月最大同时率 6 月到 9 月最低，最低约 0.46；1 月到 4 月相对较高，最高可达 0.91；其他月份比较平均，风电出力同时率的变化趋势与流域风资源的变化趋势基本一致，季节性明显。10min 出力同时率小的概率比较大，同时率大的概率比较小；1h 出力同时率小的概率相对变小，同时率大的概率相对变大，但同时率小的概率依旧大于同时率大的概率；日出力同时率小的概率更低，同时率高的概率明显增加。

1.1.2　光伏发电

1. 特性指标

（1）理论出力。指根据其代表性辐射数据，并结合光伏电站装机容量，计算光伏电站出力。

（2）实际出力。指在理论出力的基础上，综合考虑尘土覆盖、组件性能、逆变器损耗等多种因素后的出力。

（3）保证出力。指电力系统对光伏发电要求的保证率对应的出力，用于分析光伏电站的年出力特性。

（4）月出力特性。指光伏电站各月平均出力，用于反映光伏电站年内出力过程。太阳能资源分布存在一定的季节性差异，温度也存在季节性差异，综合造成了光伏电站出力的季节性差异。

（5）日出力特性。指光伏电站的日平均出力，用于反映光伏电站月内出力过程。光伏电站日出力特性受季节因素影响较大，一般同月内日平均出力变化比较稳定。不同季节，受季风、沙尘、雨雾、高温、低温等天气影响，各月日出力特性存在一定的差异性。

（6）日内出力特性。指光伏电站的小时平均出力，用于反映光伏电站日内出力过程。光伏电站日内出力特性具有一定的波动性、随机性、间歇性，但存在一定的规律。日内出力特性受昼夜、天气、温度等影响比较大。夜晚出力为 0，一般中午至下午的出力较大。

（7）出力变化率。指某时段内光伏电站最大出力与最小出力的差值占装机容量的比例，用于反映光伏电站的出力变化、波动特性。出力变率代表的是光伏电站出力变化的幅度。

（8）出力频率特性。为了考察光伏电站出力的分布情况，将出力系数按 0.05 的步长划分为 20 个区间，各个区间内的出力系数的数量就叫作频数，每一区间的频数与出力系数总数的比值叫作频率。从频数或者频率的大小可以知道每个小范围内出力系数出现次数的多少，用于反映光伏电站出力的分布情况。

（9）出力—电量频率特性。为了考察光伏电站出力—电量的分布情况，将出力系数按 0.05 的步长划分为 20 个区间，落在各个区间内的出力系数对应的发电量与总发电量的比值，用于反映光伏电站各出力系数区间的电量分布情况。

（10）同时率。又称集群效应系数，定义为采样时间内光伏电站集群最大可能出力与同一采样时间内光伏电站集群装机容量之比。$k = \dfrac{\max P_{\Sigma}}{\sum P_i}$，$P_{\Sigma}$ 为待分析光伏电站集群总出力，P_i 为光伏电站集群中各子光伏电站装机（并网）容量。同时率表征多个光伏电站的综合容量利用率，反映了光伏电站集群的最大可能出力，应用于长时间尺度（日、周、月、年）下光伏电站空间相关性分析、电网规划中电力平衡以及电源接入系统研究等方面。

2. 光伏电站出力计算方法

（1）根据代表性辐射数据计算单位千瓦光伏电站出力，再结合光伏电站装机容量，确定光伏电站理论出力。

（2）在理论出力的基础上，综合考虑尘土覆盖、组件性能、逆变器损耗等因素，对逐月理论出力进行修正，得到光伏电站逐月实际出力过程。

（3）由代表光伏电站辐射数据推算其他地区光伏电站辐射数据。通过加和各地区规划光伏电站出力，得出整个区域规划光伏电站出力。

3. 光伏电站特性

本节以西南电网某区域为例进行月出力特性分析。代表光伏电站装机规模 99.63MW，其逐月的平均出力情况如图 1-3 所示。由图可知，太阳能资源分布与风能资源分布一样，也存在一定的季节性差异，除了辐射的季节变化，不同季节的温度变化也会对光伏出力造成影响，光伏电池的出力与电池温度呈负相关关系，因此，不同月份光伏平均出力有一定差异。光伏发电的年内出力特性表现为冬季大，夏季小。全年最大出力出现在 3 月，为 16MW，占装机容量的 16%；最小出力出现在 7 月，为 5MW，占装机容量的 5%，整体出力占装机容量的百分比偏小。

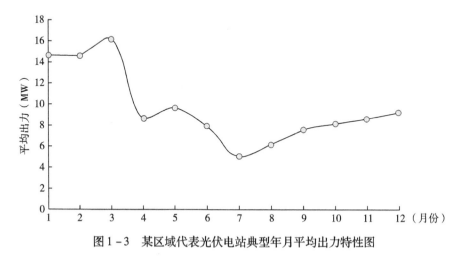

图 1-3　某区域代表光伏电站典型年月平均出力特性图

　　由于光伏发电受太阳辐射影响，夜间无光照条件不能发电，仅分析月平均出力有一定的局限性，不能呈现日内的出力过程，难以完全反映光伏发电的特性。所以，本节通过分析光伏电站的日出力变化情况，进一步剖析光伏电站的出力特性。从历史日出力统计资料来看，光伏电站的日出力特性受光照和温度变化的影响较大，随机性较大，各月的典型日出力过程如图 1-4 所示。

　　从图 1-4 中不难看出，光伏发电一般集中在太阳辐射较强的白天，整体出力过程呈"拱桥形"，即每天的 8 时至 19 时发电，夜间没有出力，峰值集中在 11 时至 15 时；全年角度观察，1 月到 3 月出力值远大于其他月份，7、8 月出力值较小，这是由于光伏发电除了受太阳辐射影响，还受温度条件影响，温度越高，发电越受制约。

　　对该区域风电进行长系列统计分析表明，①出力月际变化较为明显，呈现冬春季大，夏秋季小的特点，且夏季出力最低。②日变化特性较为稳定，仅个别天受阴雨或云雾等因素影响会略有突变。③各月日内出力趋势较为一致，一般在中午出力达到峰值，夜间出力为 0，受昼夜影响较大。④日内出力特性受季节因素影响较大。冬春季节日内出力波动较小，变化趋势较为一致，夏季阴雨天气增多，日内出力波动性较大。⑤小时出力最大正、负变率均约为60%，频率在10%以上相应的正负变率值分别低于16%、21%。

从出力累计频率特性看，代表光伏电站的出力系数主要集中在0.7以下，占95%以上；出力系数在0.7以下的时间占90%以上。出力系数在0.5以下的累计电量频率约为40%；出力系数在0.75以下的累计电量频率约为88%，在较高出力区间的电量较少。

就同时率而言，该区域光伏出力月最大同时率6月到8月最低，最低约0.78；9月至次年3月相对较高，最高可达0.94；其他月份比较平均。该区域光伏出力同时率的变化趋势与区域光伏出力的变化趋势基本一致。10min出力同时率小的概率比较大，同时率大的概率比较小；1h出力同时率小的概率相对变小，同时率大的概率相对变大，但同时率小的概率依旧大于同时率大的概率；日出力同时率，小的概率更低，同时率高的概率明显增加。

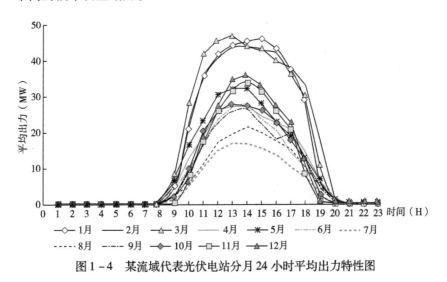

图1-4　某流域代表光伏电站分月24小时平均出力特性图

1.1.3　风光电源对电网运行的影响

光伏和风电具有显著的随机性、波动性的发电特性，同时由于其预测难度大，且本身没有存储和调节能力，大规模并网后，造成了运行调度计划编制困难，需要电力系统保留大量的旋转备用容量，提高了运行成本；随机性特性导致其功率大范围波动，进而引起系统频率频繁变化且幅度较大，增大了调频的难度，影响电网的稳定和安全；另外，其预测和控制的难度大，运行计划安排和调度困难，导致出现弃风、弃光现象，造成太阳能、风能资源的严重浪费。具体影响主要包括以下几方面。

1. 系统调频

电力系统是个实时动态平衡系统，发电、输电、用电必须时刻保持平衡。常规电源功率可调、可控，用电负荷的预测精度已经很高，在没有风电的情况下电网频率控制手段较为成熟。风电功率具有波动性和间歇性，并且很难精确预测，这给电网调频带来一定影响。风电机组输出的有功功率主要随风能变化而调整，一般情况下风电机组不参与系统调频。由于风电机组功率不可控，电网频率调整必须由传统电厂分担。在大规模风电接入电网的情况下，随着风电装机容量在电网中的比重增加，参与电网调频电源容量的比例显著下降，需同步配套相应容量的调频电源。

2. 系统调峰

由于风电具有随机性、间歇性、反调节性及波动大的特点，其对系统调峰的影响主要表现为大规模风电接入导致电网等效负荷峰谷差变大，客观上需要增大调峰容量。调峰问题是制约我国风、光大规模并网的主要矛盾之一。在冬季夜间的低负荷、大风时段，风电出力大，电网调峰困难，被迫限制风电出力。

3. 低电压穿越

低电压穿越能力指在电网运行中，当系统出现扰动或远端（近端）故障时，可引起局部电压的瞬间跌落，期间电源维持并网运行的能力。在这种情况下，常规机组（火、水、气、核）均可通过快速励磁调节，提供电压支撑，保持在系统低电压期间机组的可靠联网运行而不脱网（一般为故障重合闸时间），低电压穿越能力强。风光电源也应具有低电压穿越能力，以防止在系统出现扰动或故障情况下脱网停机，对电网造成更大冲击。

1.2　水风光互补调度原理

1.2.1　水风光发电基本原理

1. 风机系统

风机是一种将风的动能转换为机械能的机械装置，其输出功率的大小取决于风速。实验表明，风机的输出功率与风速大小的关系为：

$$P_t = \begin{cases} 0, & 0 \leq V \leq V_{ci}, V \geq V_{co} \\ f(V), & V_{ci} \leq V \leq V_R \\ P_R, & V_R \leq V \leq V_{co} \end{cases}$$

式中，P_R 是风力发电机组的额定功率；V_{ci}、V_{co}、V_R 是机组切入、切出和额定风速；$f(V)$ 为输出特性，可由线性、二次和三次函数拟合。

2. 光伏系统

光伏系统是将太阳能转换为电能的静态装置，该电能以直流电形式输出，其输出功率的大小决定于太阳辐射及温度条件。光伏系统的输出功率为：

$$P_{pv} = f_{pv} V_{pv} \left(\frac{I_T}{I_S} \right)$$

式中，f_{pv}、V_{pv} 分别是光伏降额因子和光伏阵列容量；I_T 是光伏阵列上的实时太阳能辐射水平；I_S 是用来衡量光伏模块容量的标准太阳能辐射量，$I_S = 1 \text{kW/m}^2$。

3. 水电站系统

水力发电是利用不同高度水的势能差实现发电的。水电站的输出大小由水量、水位，以及能量损耗决定（其中能量损耗取决于水轮发电机的效率），其值为：

$$P_h = 9.81\eta QH$$

也可以表示为：

$$P_h = KQH$$

式中，Q 是测量到的单位时间内通过涡轮入口的水流量；H 是水位；η 是水轮发电机的效率；K 是水电站综合出力系数。

1.2.2 水风光互补原理

风电、光伏、水电能源在年内、日内等时段周期内，有一定的天然规律和特性，对于风电而言，春季风大，夏秋季节风小，白天风小，夜间风大；对光伏而言，夏天日照强，冬天日照短，白天有日照，夜间没有日照；对于水电而言，汛期河流流量大，非汛期流量小。三者形成了一定的天然互补关系，另一方面，其互补结果也受到各电源占比等因素影响。

水风光电源天然互补特性对优化联合电源出力过程或总出力过程有一定的帮助，但一方面其互补程度有限，另一方面，由于其接入电网后，需要满足不断变化的电网负荷需求和电力通道与电网安全稳定运行的相关约束等要求，因此需要在发电计划编制和运行调度环节，主动根据水风光的互补特性、发电能力、负荷需求和电网状况进行互补调度。由于风电、光伏基本不具备调节能力，因此水风光互补运行主要是依靠水电厂水库的调节能力提高水风光联合电源电能质量，提升对电网的友好性，也提高电网对风电、光伏电源的接纳能力。

风电、光伏出力过程具有随机性、间歇性与不可控性的特点，其出力过程难以准确预测。其并入电网后，为了满足系统电力电量平衡，当风电出力增加时，需要降低电网内其他机组的出力；当风电出力降低时，则需要增加电网内其他机组的出力。水电站的来水也具有随机性特点，但可以通过具有调节能力的水库对径流进行调节，使水库下泄流量趋于可控，即使水电站的出力趋于可控。

水电平衡风光电源就是利用水电站水库的调节能力，使风电、光伏出力与水电出力之和始终保持在某一恒定的范围内。通过水库的调节作用，使风电、光伏出力与水电的出力叠加之后成为一个相对恒定的值。对于 t 时段如下式所示：

$$P_t = P_{h,t} + P_{w,t} + P_{s,t}$$

式中，P_t 为时段负荷需求，$P_{h,t}$ 为时段水电发电出力，$P_{w,t}$ 为时段风电发电出力，$P_{s,t}$ 为时段光伏发电出力。

1. 水风光互补思路分析

水电在运行时需要承担综合利用、防洪等任务；受到机组检修、水库水位等因素影响，水电有最低出力、最高出力约束，运行时还受到水库来水、水库水位和工况的影响，存在最大可调出力限制。风电、光伏除了其预测功率，参考其预测精度情况和发电特性，其出力在每个时段可能在一定范围内变化，可称为时段可能最小出力、时段可能最大出力。水风光互补思路如图 1-5 至图 1-8 所示。

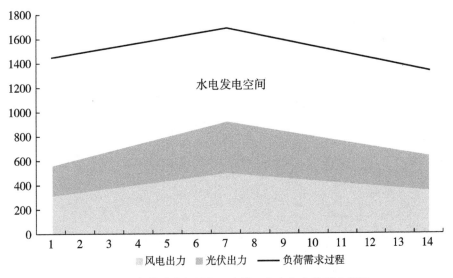

图 1-5 负荷需求与风电、光伏、水电出力关系示意图

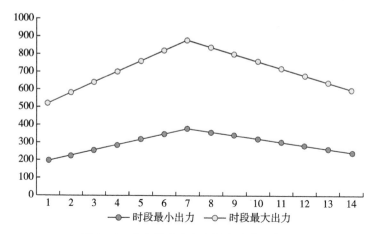

图 1-6 水电最小出力和最大出力示意图

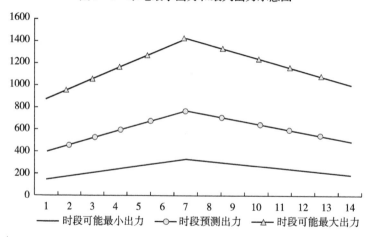

图 1-7 光伏出力过程示意图

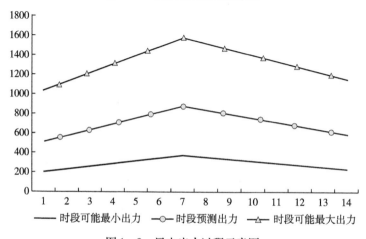

图 1-8 风电出力过程示意图

（1）根据以上水电最小出力 $N_{h,t,\min}$、最大出力 $N_{h,t,\max}$，风电预测功率 $N_{w,t}$、最小可能出力 $N_{w,t,\min}$、最大可能出力 $N_{w,t,\max}$，光伏预测功率 $N_{s,t}$、最小可能出力 $N_{s,t,\min}$、最大可能出力 $N_{s,t,\max}$，可以计算出计划时段内水电最小发电量 $E_{h,\min}$、最大发电量 $E_{h,\max}$，风电预测或计划电量 E_w、可能最小电量 $E_{w,\min}$、可能最大电量 $E_{w,\max}$，光伏预测或计划电量 E_s、可能最小电量 $E_{s,\min}$、可能最大电量 $E_{s,\max}$。根据电力负荷需求 N_t 可计算出电量需求 E_t。

（2）当 $E_t <$（$E_{h,\min} + E_{w,\min} + E_{s,\min}$），由于水电大多数情况下还承担综合利用任务，尽量满足水电最小方式发电，如无法满足，则需要通过闸门放水来满足综合利用等流量需求，水电可对风光电源不足进行补偿，且补偿能力强。风电、光伏不能按照预测功率发电，会产生弃风、弃光。

（3）当（$E_{h,\min} + E_{w,\min} + E_{s,\min}$）$< E_t <$（$E_{h,\min} + E_w + E_s$），水电按照最小方式运行，满足综合利用要求，水电可对风光电源的出力减少进行补偿且补偿能力强，无法对风电、光伏出力的增加进行补偿。风电、光伏电源无法按照预测功率发电，可能产生弃风、弃光。

（4）当（$E_{h,\min} + E_w + E_s$）$< E_t <$（$E_{h,\min} + E_{w,\max} + E_{s,\max}$），风电、光伏电源可按照预测功率发电；水电根据负荷需求减去风光电源发电的发电空间安排发电，满足综合利用要求，水电可对风光电源的变化进行补偿，水电电源根据其在最小和最大方式之间的位置，正向和负向补偿能力有不同，产生弃风、弃光可能性小。

（5）当（$E_{h,\max} + E_w + E_s$）$< E_t <$（$E_{h,\max} + E_{w,\max} + E_{s,\max}$），水电按照最大发电能力发电，满足综合利用要求，无法对风光电源的减少进行补偿，当风光电源增加时，可减少水电出力进行补偿。风电、光伏电源按照预测功率发电不会产生弃风、弃光。系统需要通过协调其他电源补偿。

2. 互补方式下的水电调度运行

当水电独立调度运行时，水电厂在电网中承担负荷和调峰等辅助服务任务，主要依据水库来水和电网负荷与运行调度需求编制发电运行计划。在编制长期发电计划时，主要依据预计来水，考虑利用具有季调节及以上能力的水库调节作用，从充分利用水能的角度来安排水电站的年度运行计划，以实现年内不同季节、不均匀来水的再分配。在编制短期发电计划时，在参考长期发电计划总体电量控制下，根据近期来水预报、电网负荷和调峰等运行需求、设备检修计划、电力通道和电网安全稳定约束等，按照发电量最大或调峰电量最大等方式安排短期发电计划。

水电在和风光电源实现互补后，除了参与负荷调节外，还要参与风电、光伏的调节，但不应改变水电原来承担的任务和原有运行特点，因此其计划编制和运行调度需要遵循以下原则。

（1）水库综合利用优先原则。水库原承担的防洪、灌溉、供水等综合利用任务不变并且优先考虑。

（2）清洁能源发电量最大原则。由于水电是清洁优质电源，不能因消纳风光电源能力最大化而牺牲水电自身的发电效益，而应综合权衡水电站发电量及风电消纳能力来寻求水电的运行方式。

（3）满足电网负荷需求原则。电能必须满足供需瞬时平衡，在没有大规模储能情况下，编制的运行方式必须满足电网的负荷需求。

（4）考虑风电、光伏装机容量及发电特性。需要考虑风电、光伏、水电及有调节能力水电容量占比结构，考虑风电、光伏电源的发电特性，在计划编制和运行调度中充分考虑其发电特性。

非汛期时水电站应尽可能地发挥调峰作用，为电网消纳风电提供条件。从水电在电网负荷图上的运行工作位置来看，水电承担的峰荷越多，预留给电网其他电源承担的负荷越平坦，对电网消纳清洁能源的条件越有利，但非汛期受可用水量和水电站装机容量的制约，水电在电网高峰时段承担的电量有限，即水电调峰来消纳风电的能力与水电站的发电量、水电站装机容量、发电水头、水库综合利用要求，以及电网运行要求有关。

汛期由于来水较多，且受水库汛期限水位的制约容易导致弃水，水电站调节能力减弱，汛期要考虑在日负荷率约束前提下，寻求水电站发电量与水电调峰对风电、光伏进行互补的最佳平衡点。

3. 水风光互补调度模式

根据目前电网调度运行管理方式，水风光互补调度主要包括电网、水风光打捆、输送通道几个方面的互补调度。

（1）基于电网的水风光互补调度模式。

面向电网整体的负荷和电力调度需求，在中长期和日前水电计划编制时，考虑风光电功率预测水平、计划与实际出力的历史偏差情况，依据水风光资源的互补特性和水库的调节能力，保留一定的配合容量，保证电网稳定运行和充分利用清洁能源；在发电计划日内调整和电网实时运行时，利用水电可存储以及快速、灵活的调节能力，跟踪风光电发电过程，及时调整水电计划或实时调度水电发电，提供调峰及备用、调压、调频等辅助服务，克服风光电出力随机、不可控制性及其机组特性对电力系统的影响，保证电力系统的安全稳定和电网电能质量。

（2）基于水风光打捆方式的互补调度模式。

水风光打捆调度运行方式介于电网和通道方式的中间，主要是电网调度根据资产所属、电网结构、河流水系等将水风光进行打捆，将其联合出力作为总体的计划和控制目标进行运行调度管理。

（3）基于输送通道的互补调度模式。

由于不少水风光电源都处于偏远地区，远离负荷中心，其送出可能都需要经过一些关键电力通道，由于新能源的发展迅速，电网的规划和建设不能完全及时跟上，电力通道输送能力不足，这时候需要统筹协调水风光的发电计划和运行，以减少弃风、弃光、弃水电量，提高整体清洁能源利用水平。

（4）基于孤网的互补调度模式。

由于风电、光伏电站和小水电站大多处于偏远地区，远离负荷中心，和电网主网联系比较薄弱，发生通道异常时，可能会面临孤网运行方式。另外，也有部分风光水电源集群没有接入主网，只给个别园区用户或局部对象供电，也涉及孤网运行方式。孤网运行方式下，网内水电站既要满足网内用电负荷需求，又要满足风电、光伏的互补需求。

4. 水风光互补调度流程

水风光互补技术和优化调度策略主要应用于清洁能源发电计划编制和运行过程中，计划的滚动修正和实时控制，指以清洁能源最大化利用为目标或以清洁能源总出力控制为目标进行计划编制和运行调度。其业务开展流程分别如图 1 − 9 和图 1 − 10 所示。

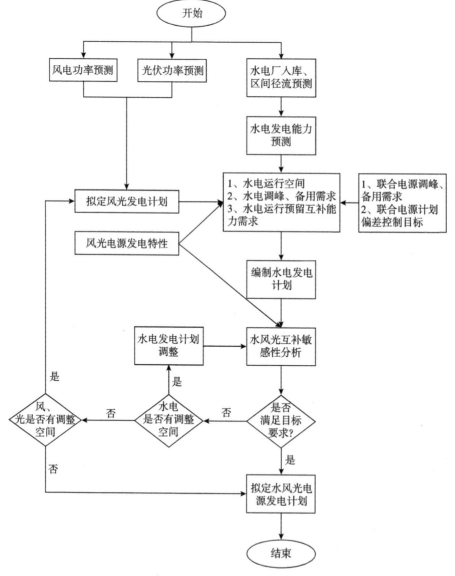

图 1 − 9　以清洁能源最大化利用为目标的水风光互补发电计划编制流程

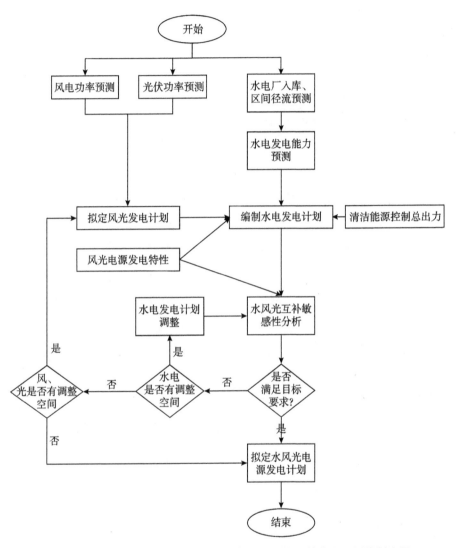

图 1-10　以清洁能源总出力控制为目标的水风光互补发电计划编制流程

1.3　水风光互补调度意义和作用

1.3.1　有利于电网安全稳定运行

由于风电与光伏出力的随机波动性，特别是短时间内发电出力变化较大时，会对电力系统短时间的有功功率平衡及频率稳定产生影响，为维持系统频率稳定,需要电网配备充足的快速反应容量。水电站承卸负荷迅速灵活,能适应负荷的急剧变化,调频性能好,可以很好地承担电网快速负荷跟踪和维持电网频率稳定的任务。水风光互补调度运行对电网的作用主要体现在以下方面。

(1)减少风电和光伏对特高压直流输电系统的不利影响,水风光联合运行,可平抑风电和光伏出力变幅及变率,减少风电和光伏对特高压直流输电系统换流变压器、输电系统频率及无功电压的不利影响。

(2)平抑风电和光伏出力变幅及瞬时变率,减少风电和光伏对电网频率、无功电压的影响。通过调节性能好的大型水电站的调蓄能力,可以平抑出力变幅及变率,另外,水电站启停灵活、响应速度快,能适应负荷的急剧变化,而且水电站可以提供大量无功出力或吸收部分无功出力。发电机具备一定的调相能力,实现电网无功功率平衡和电压稳定,提高电网的电能质量。水风光联合运行,可减少风电和光伏并网对电网频率、无功电压的不利影响,维持电网频率和电压稳定性。

(3)提高电网接纳风电和光伏的能力。风电和光伏并网对电力系统的影响主要体现在调峰、频率稳定、无功电压稳定等方面,水电站在调峰、调频、调相方面具有一定的作用,提高了电网的安全稳定运行水平,相应可提高电网接纳风电和光伏的能力。

1.3.2 有利于清洁能源消纳

西南电网各大流域内在建和规划电站均为具有较大库容的水库电站,调节性能好,能够实现流域内水电站的年调节、季调节。分析流域水能、风能、太阳能资源形成机理、资源实测数据,水电站、风电场和光伏电站出力过程等发现,水风光在年内具有较强的互补性,汛期水电出力较大时,风电和光伏发电出力较小;反之,枯期水电出力较小时,风电和太阳能出力较大,三者形成了"此消彼长"的互补关系。利用三者的互补关系,通过在电力系统中合理配置风光的容量,就能减少风电和光伏发电不稳定出力对电力系统的影响,同时也增强了电力系统对风电和光伏发电不稳定出力的消纳能力,为风电和光伏发电建设提供了良好的消纳条件。在目前全国风电和光伏发电"就近接入、就地消纳"基础上探索一种新型的可再生能源开发模式，对解决风电和光伏发电送出和消纳具有很好的试验示范意义。

1.3.3　有利于促进新能源快速发展

水风光互补调度能够利用流域众多水电站的调节性能，平抑风电、光电的不稳定性对电网的冲击，解决了风电和光伏发电大规模集中上网的消纳难题。同时，水电站建设是复杂、庞大的系统过程，通过流域水电开发，将形成沿干流的完善的交通、场区、营地等基础设施，并建立流域梯级调度中心。在流域水能资源开发的基础上，打造水风光互补清洁能源基地，有利于流域内风能、太阳能资源的快速开发，有利于资源的整合和实时集中控制与调度，并为风电、光电等新能源加快开发提供新的思路。

1.3.4　有利于提高水风光电站群集约化管理水平

目前，风电和光伏发电直接接入电力系统，必须借助电力系统内的其他调节电源实现系统稳定运行。依托以水电为主的集控中心，借助流域内大规模的水电调节库容，实现流域内输出的电量和电能质量始终满足负荷系统的要求，降低了对其他调节电源的依赖。将流域的风电和光伏发电出力通过现有水电送出平台直接接入流域集控中心，在集控中心内实现风光水的稳定输出，减少电网调节压力，能够在不增加弃水的情况下实现水风光清洁能源的综合调度，提高供电保障能力和综合开发效益。

1.3.5　有利于提高输电通道利用率

基于风光资源普查初步成果和风光建设外部条件，西南电网风电和光伏发电开发起步相对较晚，由于风光项目建设周期较短，电网接入系统建设往往落后于新能源电源建设。尽管有关规划中已重点考虑了新能源大规模建设所需的接入系统建设工程，但受制于电网建设从规划到建成的时间跨度往往较电源建设周期更长，电网建设远滞后于新能源电源建设。尽管西南电网具有丰富的风能和太阳能资源，但受技术水平限制，它们的年等效利用小时相对较低，单独新建送出线路的利用率往往不高。因此，西南电网开展水风光互补调度能够充分利用已有和规划的大规模水电外送通道，实现水风光打捆送出，既不会带来流域内水电新增弃水，还能大大提高现有水电外送通道的利用率，增加输电效益。既解决了风电和光伏发电目前上网难的问题，又提高了现有输电线路的利用率，还减少了新建接入系统的投资。

第2章

梯级水电互补调度

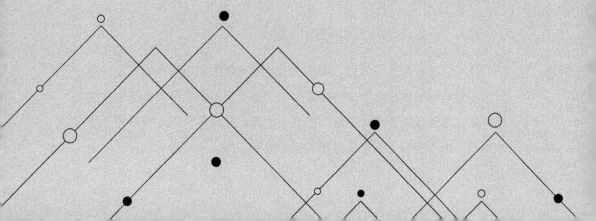

2.1 互补调度模型

复杂的地形和不同季风环流的交替影响，加之气候复杂多样，导致河流天然来水变化剧烈，在时间上分配极不均匀，丰枯期径流变化明显，与电网用电与用水方式的适应性较差。为充分利用天然来水径流，更好地协调电网用电、用水需求，必须在水库水电站运行过程中加强互补协调调度工作，但河流天然来水的随机性和不确定性使水库水电站的运行调度方式变得复杂困难，再加上水电不但与电力系统和水利系统的其他组成单元和部门有着广泛而密切的联系，还与社会、经济、行政和生态环境等方面相互影响，决定这些内外部条件、联系和影响的原始信息（特别是天然来水径流，以及电力负荷、系统结构组成、可用容量及其他部门的综合利用要求等）受很多不确定因素的影响又不能准确预知，因而给预先编制水电站长期调度运行方式带来极大困难。

西南电网水电数目众多，装机容量比重大，且电站间水力联系复杂，梯级水电规模庞大，水库串、并联形式多样，库群拓扑结构复杂，是目前国内已建成投产发电的最为复杂的电网水电之一。因此，为了更好地对西南电网梯级水电长期互补调度模型进行研究，本章分别建立单一水电和梯级水电互补调度模型，并以某电网代表性梯级水电为实例进行互补调度模拟计算。

2.1.1 单一水电互补调度模型

本节以单一水电为对象，模型从水能资源最优利用的角度出发，同时考虑为电网提供尽可能大的保证出力，提高水电参与调峰的能力，以水电站发电量最大和最大化最小出力为优化目标函数，以水量平衡、水位限制、出力限制、下泄流量限制等为约束条件。

1. 目标函数

目标 I：水电站年（余留期）发电量最大。

$$E = Max \sum_{t=1}^{T} \frac{Q_t \cdot M_t}{\delta} \ 或 \ E_{余} = Max \sum_{t=t'}^{T} \frac{Q_t \cdot M_t}{\delta} \tag{2-1}$$

式中，t 为时段变量；t' 为余留期的开始时段；T 为年内计算总时段数（以旬为计算时段，$T = 36$）；E 为水电站年发电量（kWh）；$E_{余}$ 为水电站余留期发电量（kWh）；Q_t 为水电站第 t 时段的平均发电流量（m³/s）；δ 为水电站耗水率，其大小随库水位变化而变化（m³/kWh）；M_t 为年内第 t 时段的时间长度（s）。

目标 II：水电站年内各时段的出力尽可能大，即最大化最小出力。

$$NP = MaxMin \left(\frac{Q_t}{\delta} \right) \qquad \forall t \in T \tag{2-2}$$

式中，NP 为水电站最大化的最小出力（MW）；其他符号意义同前。

2. 约束条件

（1）水量平衡约束。

$$V_{t-1} = V_t + (q_t - Q_t - S_t) M_t \qquad \forall t \in T \tag{2-3}$$

式中，V_{t+1} 为水电站第 t 时段末的水库蓄水量（m³）；V_t 为水电站第 t 时段初的水库蓄水量（m³）；q_t 为水电站第 t 时段平均入库流量（m³/s）；S_t 为水电站第 t 时段平均弃水流量（m³/s）；Δt 为计算时段长度（s）；其他符号意义同前。

（2）水库蓄水量约束。

$$V_{t,min} \leq V_t \leq V_{t,max} \qquad \forall t \in T \tag{2-4}$$

式中，$V_{t,min}$ 为水电站第 t 时段应保证的水库最小蓄水量（m³）；V_t 为水电站第 t 时段的水库蓄水量（m³）；$V_{t,max}$ 为水电站第 t 时段允许的水库最大蓄水量，通常是基于水库安全方面考虑的，如汛期防洪限制等（m³）。

（3）水库下泄流量约束。

$$Q_{t,\min} \leqslant Q_t \leqslant Q_{t,\max} \qquad \forall t \in T \qquad (2-5)$$

式中，$Q_{t,\min}$ 为水电站第 t 时段应保证的最小平均下泄流量（m^3/s）；$Q_{t,\max}$ 为水电站第 t 时段最大允许平均下泄流量（m^3/s）；其他符号意义同前。

（4）电站出力约束。

$$N_t = KQ_t H \qquad (2-6)$$

$$N_{t,\min} \leqslant N_t \leqslant N_{t,\max} \qquad \forall t \in T \qquad (2-7)$$

式中，$N_{t,\min}$ 为水电站第 t 时段的允许的最小出力（MW）；$N_{t,\max}$ 为水电站第 t 时段的允许的最大出力（MW）；N_t 为水电站第 t 时段的发电出力（MW）。

（5）非负条件约束

上述所有变量均为非负变量（$\geqslant 0$）。

2.1.2 梯级水电互补调度模型

对于在一条流域上水力联系紧密，并且该流域梯级中龙头水库为季调节及以上能力的电站，龙头水库以下电站为径流式或日调节能力的"一库多级"式梯级水电，本节将此类水电站作为梯级水电进行联合互补调度计算，并建立梯级水电互补调度模型。该模型从水能资源最优利用的角度出发，同时考虑为电网提供尽可能大的保证出力，提高梯级水电参与调峰的能力，以梯级水电站发电量最大和最大化最小出力为优化目标函数，以梯级水电水量平衡、水位限制、出力限制、下泄流量限制等为约束条件。

1. 目标函数

目标Ⅰ：梯级水电站年（余留期）发电量最大。

$$E = Max \sum_{i=1}^{N} \sum_{t=1}^{T} \frac{Q_{i,t} \cdot M_t}{\delta_i} \text{ 或 } E_{\text{余}} = Max \sum_{i=1}^{N} \sum_{t=t'}^{T} \frac{Q_{i,t} \cdot M_t}{\delta_i} \qquad (2-8)$$

式中，i 为电站变量；N 为梯级电站总个数；t 为时段变量；t' 为余留期的开始时段；T 为年内计算总时段数（以旬为计算时段，$T = 36$）；E 为梯级水电站年发电量（kWh）；$E_{余}$ 为水电站余留期发电量（kWh）；$Q_{i,t}$ 为第 i 个水电站第 t 时段的平均发电流量（m³/s）；δ_i 为第 i 个电站耗水率，其大小随库水位变化而变化（m³/kWh）；M_t 为年内第 t 时段的时间长度（s）。

目标 Ⅱ：梯级水电站年内各时段的出力尽可能大，即最大化最小出力。

$$NP = MaxMin \sum_{i=1}^{N} \left(\frac{Q_{i,t}}{\delta_i} \right) \qquad \forall t \in T \qquad (2-9)$$

式中，NP 为水电站最大化的最小出力（MW）；其他符号意义同前。

2. 约束条件

（1）水量平衡约束。

$$V_{i,t+1} = V_{i,t} + \left(q_{i,t} - Q_{i,t} - S_{i,t} \right) Mt \qquad \forall t \in T \qquad (2-10)$$

式中，$V_{i,t+1}$ 为第 i 个水电站第 t 时段末水库蓄水量（m³）；$V_{i,t}$ 为第 i 个水电站第 t 时段初水库蓄水量（m³）；$q_{i,t}$ 为第 i 个水电站第 t 时段平均入库流量（m³/s）；$S_{i,t}$ 为第 i 个水电站第 t 时段平均弃水流量（m³/s）；Δt 为计算时段长度（s）；其他符号意义同前。

（2）水库蓄水量约束。

$$V_{i,t}^{\min} \leq V_{i,t} \leq V_{i,t}^{\max} \qquad \forall t \in T \qquad (2-11)$$

式中，$V_{i,t}^{\min}$ 为第 i 个电站第 t 时段应保证的水库最小蓄水量（m³）；$V_{i,t}$ 为第 i 个电站第 t 时段的水库蓄水量（m³）；$V_{i,t}^{\max}$ 为第 i 个电站第 t 时段允许的水库最大蓄水量，通常是基于水库安全方面考虑的，如汛期防洪限制等（m³）。

（3）水库下泄流量约束。

$$Q_{i,t}^{\min} \leq Q_{i,t} \leq Q_{i,t}^{\max} \qquad \forall t \in T \qquad (2-12)$$

式中，$Q_{i,t}^{\min}$ 为第 i 个电站第 t 时段应保证的最小平均下泄流量（m³/s）；$Q_{i,t}^{\max}$ 为第 i 个电站第 t 时段最大允许平均下泄流量（m³/s）；其他符号意义同前。

（4）电站出力约束。

$$N_{i,t}^{\min} \leqslant N_{i,t} \leqslant N_{i,t}^{\max} \qquad \forall t \in T \qquad (2-13)$$

式中，$N_{i,t}^{\min}$ 为第 i 个电站第 t 时段的允许的最小出力（MW）；$N_{i,t}^{\max}$ 为第 i 个电站第 t 时段的允许的最大出力（MW）；$N_{i,t}$ 为第 i 个电站第 t 时段的发电出力（MW）。

（5）非负条件约束。

上述所有变量均为非负变量（$\geqslant 0$）。

2.2 求解算法

目前，用于水库电站互补调度问题的算法主要有逐步优化算法、遗传算法和动态规划算法等。动态规划算法已在国内外许多水电互补调度中得到成功应用，其算法理论成熟，计算结果稳定，特别是对于单一水电和"一库多级"式梯级水电，动态规划算法的应用效果较好。对于具有季调节及以上调节能力的水电均以单一水电或"一库多级"式梯级水电形式存在的情况，建议采用动态规划算法求解；若梯级水电中有两个或两个以上具有长期调节性能的电站，则建议采用逐步优化算法（POA）求解。此外，还可以结合实际工程情况，考虑运用遗传算法、粒子群算法等群集智能化算法进行梯级水电互补调度模型求解。

2.2.1 动态规划算法

1. 动态规划算法原理

动态规划是一种研究多阶段决策过程的数学规划方法。多阶段决策过程，指可将过程根据时间和空间特性分成若干互相联系的阶段，每个阶段都做出决策，从而使全过程最优。即"作为全过程的最优策略具有这样的性质：无论过去的状态和决策如何，对前面的一个决策所形成的状态并作为初始状态的过程而言，余下的诸决策必须构成最优策略。"换句话说，只要以面临时段的状态出发就可以做出决策，与以前如何达到面临时段的状态无关，必须使面临时段和余留时期的效益之和的目标函数值达到最优。

一个多阶段决策过程是一个未知变量不少于阶段数的最优化问题。对于一个每阶段有 M 状态变量可供选择的 N 阶段过程，求其最优策略就是解 M×N 维函数方程取极值的问题。如 M×N 很大时求解就很困难。动态规划法可使一个多维（如 M×N 维）的极值问题化为多个（如 N 个）求 M 维极值的问题。

2. 动态规划的模型结构

动态规划的模型结构如下。

（1）阶段。根据时间或空间的特性，恰当地把所要求解问题的过程分为若干个相互联系的部分，每个部分就称为一个阶段。在多阶段决策过程中，每一个阶段都是一个组成部分，整个系统则是按一定顺序联系起来的统一整体。过程由开始或最后一个阶段出发，由前向后或由后向前一个阶段一个阶段地递推，直到最后一个阶段结束。

（2）状态。指某阶段过程演变时可能的初始位置。它既是本阶段的起始位置，又是前一阶段的终了位置。通常，一个阶段包含若干个状态。描述状态的变量称为状态变量。

（3）决策。当某个阶段状态给定以后，从该状态转移到下一个阶段某状态的选择。如前所述，每一个阶段都有若干个状态，给定状态变量某一个值，就有系统的某一个状态与之对应，由这一状态出发，决策者可以做出不同的决策，而使系统沿着不同的方向演变，结果达到下一阶段的某一个状态。描述采取不同决策的变量称为决策变量，它的取值决定着系统下一阶段处于哪个状态。

（4）状态转移方程。若在某个阶段给定状态变量，如阶段的决策一经确定，则下一阶段的状态变量也就完全确定。这个关系表示由某个阶段到下一个阶段的状态转移规律。

（5）约束条件。问题为达到目标而应受到的各种限制条件。

（6）阶段收益。指系统过程的某一阶段收益。在水电站水库互补调度过程中，阶段收益一般为水电站的出力或发电量。它是一个阶段对于目标函数的一种"贡献"。

（7）目标函数。用来衡量所实现过程的优劣程度的一种数量指标。

（8）递推方程。实现目标函数最优的计算方程。

3. 水电站互补调度的动态规划法

对于具有长期调节性能的水电站水库，其水库运行调度是一个典型的多阶段决策过程，可以按照下列系统概化思路进行处理。

（1）阶段与阶段变量。对于具有长期性能的水库，可以将按日历年度表示的调节周期按时段（如按月）划分为 T 个阶段，以 t 代表变量，则 $t=1，2，\cdots，T$。相应的时刻 $t \sim t+1$ 为面临时段，时刻 $t+1 \sim T+1$ 为余留时期。

（2）状态变量。描述多阶段决策过程演变过程所处状态的变量，称为状态变量。它能够描述过程的演变，而且满足无后效性要求。这里选用每个阶段的水库水位 Z 为状态变量。Z_t 和 Z_{t+1} 分别为 t 时刻初、末的库水位，其中 Z_{t+1} 也就是 $t+1$ 时段的初始蓄水状态。

（3）决策变量。取出力 $P_t(Z_t)$ 为决策变量，当时段 t 的初始状态 Z_t 给定后，如果做出某一决策 $P_t(Z_t)$，则时段初的状态将演变为时段末的状态 Z_{t+1}。在出力互补调度中，决策变量 $P_t(Z_t)$ 的选取往往限制在某一范围 $D_t(Z_t)$ 内，此范围称为允许决策集合，有 $P_t(Z_t) \in D_t(Z_t)$。

（4）列出状态转移方程。通过水量平衡方程求出 V_t 和 V_{t+1}，再由水位库容关系曲线得到 Z_t 和 Z_{t+1} 的关系式，即为状态转移方程：

$$V_{t+1} = V_t + (Q_{r,t} - Q_t) \Delta t \tag{2-14}$$

$$Z_t = f(V_1) \tag{2-15}$$

式中，$Q_{r,t}$ 为时段 t 的入库流量（$\mathrm{m^3/s}$）；Q_t 为时段 t 的发电流量（$\mathrm{m^3/s}$）；Δt 为时段秒数（s），V_t 和 V_{t+1} 为时段 t 和时段 $t+1$ 的库容，f 表示水位库容关系。

状态转移方程或系统方程，把多阶段决策过程中的 3 种变量，即阶段（时段）变量 t、状态变量 Z、决策变量 Q 三者之间的相互关系联系了起来。对于确定性的决策过程，下一阶段的状态完全由面临时段的状态和决策所决定。

（5）建立效益函数与目标函数。对于单一水电站，以水电站在调度期（调度年或日历年）收益最大或者发电量最大作为优化准则或目标，而将防洪安全及其他综合用水要求作为约束条件处理。令 B_t 和 B_1（Z_1）分别为任一时段 t 和整个调度周期的效益指标，则 B_t 与目标函数 B_1^*（Z_1）分别为：

$$B_t = B_t\ (Z_t,\ Q_t,\ \lambda_t) \tag{2-16}$$

$$B_1^*\ (Z_1)\ =\ \max \sum_{t=1}^{T} B_t(Z_t, Q_t, \lambda_t) \tag{2-17}$$

式中，Z_1 为整个调度期初的水库蓄水；B_1^*（Z_1）为 B_1（Z_1）中之最大（最优）值，λ_t 为滞时。

（6）建立水库最优调度的递推方程。递推方程的具体形式与递推顺序和阶段变量的编号有关。逆序递推且阶段变量的序号与阶段初编号一致时，水电站水库最优调度问题的递推方程为：

$$B_t^*\ (Z_t)\ = \max\{B_t\ (Z_t,\ Q_t,\ \lambda_t)\ + B_{t+1}^*\ (Z_{t+1})\} \tag{2-18}$$

式中，B_t（Z_t，Q_t，λ_t）为面临时段的效益；B_{t+1}^*（Z_{t+1}）为余留时期（$t+1 \sim T+1$）最大收益的累计值；B_t^*（Z_t）为 $t \sim T+1$ 时期的总收益的最大值。

顺序递推（递推方向与状态转移方向一致）且阶段变量序号与阶段末编号一致时，有：

$$B_t^*\ (Z_t)\ = \max\{B_t\ (Z_t,\ Q_t,\ \lambda_t)\ + B_{t-1}^*\ (Z_{t-1})\} \tag{2-19}$$

（7）明确约束条件。水电站在运行过程中应满足的各种限制条件，包括水位、出力、流量及保证率等：

$$Z_{t,\min} \leqslant Z_t \leqslant Z_{t,\max} \qquad (2-20)$$

$$V_{t,\min} \leqslant V_t \leqslant V_{t,\max} \qquad (2-21)$$

$$P_{bt} \leqslant P_t \leqslant P_{yt} \qquad (2-22)$$

$$Q_{t,\min} \leqslant Q_t \leqslant Q_{t,\max} \qquad (2-23)$$

式中，$Z_{t,\min}$ 为水库死水位或综合利用要求的最低水位；$Z_{t,\max}$ 为正常蓄水位或防洪限制水位；$V_{t,\min}$ 为水库死库容或综合利用要求的最小库容；$V_{t,\max}$ 为正常蓄水位或防洪限制水位所相应的水库容积；P_{bt}、P_{yt} 为水电站的保证出力和预想出力；$Q_{t,\min}$、$Q_{t,\max}$ 为水轮机允许的和综合利用要求的最小放流量和水轮机的最大过水能力。

水电互补调度动态规划算法的递推过程如图 2-1 所示。

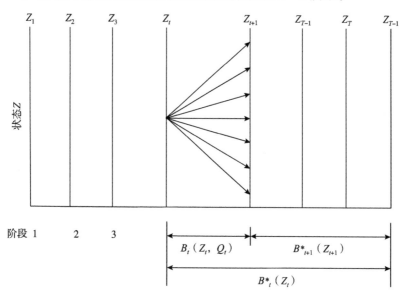

图 2-1　多阶段决策逆序递推过程图

4. 动态规划方法的优越性

用动态规划求解水电互补调度问题，相比其他优化方法，有下述优点。

（1）易于确定全局最优解。即使指标函数形式较简单，由于约束条件所确定的约束集合往往十分复杂，故用目前的非线性规划方法求全局最优解是非常困难的。而动态规划方法是一种逐步改善法，它把原问题化成一系列结构相似的最优子问题，而每个子问题的变量个数比原问题少得多，约束集合也简单得多，故较易于确定全局最优解。特别是，对于一类指标、状态转移和允许决策集合不能用分析形式表示的最优化问题（如非线性整数规划、离散模型），用分析方法无法求出最优解，用动态规划却很容易。基于这一点，对目前相当多的最优化问题来说，动态规划是求出其全局最优解的一种好方法。

（2）能得到一族解，有利于分析结果。非线性规划的方法是对问题的整体求解，是单阶段进行的，只能得到全过程的解。而用动态规划方法是将结果分成多阶段进行，求出的不仅是全过程的解，而且包括所有子过程的一族解。在某些情况下，这正是实际问题所需要的，有助于分析结果是否有用等，这时，动态规划方法比其他方法更显出优越性，且大大节省了计算量。

（3）能利用经验，提高求解的效率。动态规划方法反映了过程逐段演变的前后联系，较之非线性规划与实际过程联系得更紧密，因而在计算中能更有效地利用经验，提高求解的效率。

2.2.2 逐步优化算法

1. 算法基本原理

逐步优化算法（Progressive Optimal Algorithm，POA）是将多阶段的问题分解为多个两阶段问题，解决两阶段问题只是对所选的两阶段的决策变量进行搜索寻优，同时固定其他阶段的变量；在解决该阶段问题后再考虑下一个两阶段，将上次的结果作为下次优化的初始条件，进行寻优，如此反复循环，直到收敛为止。

2. 计算步骤

假设梯级水电站的调度期为1年，初始时刻为1月初，终止时刻为12月末，将一年离散为 T（一般为12）个时段，梯级水电站数为 N，

电站序号为 i ($0 < i < N$)，则 POA 算法的计算步骤如下。逐步优化算法的流程如图 2-2 所示。

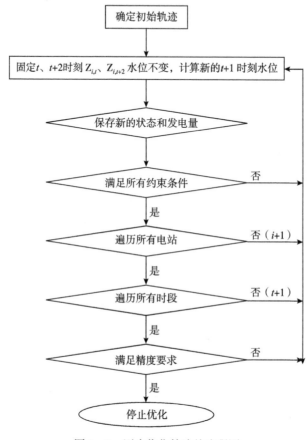

图 2-2 逐步优化算法的流程图

步骤1：确定初始轨迹。利用 POA 算法来求解多阶段、多约束问题，初始决策的选取不好可能会出现迭代过程过早收敛于局部优化解的情况，而好的初始决策过程可以加快迭代收敛速度。

步骤2：按照电站顺序，依次对第 i 个电站寻优。固定第0时刻和第2时刻的水位 $Z_{i,0}$ 和 $Z_{i,2}$ 不变，调整第1时刻的水位 $Z_{i,1}$，使第0和1两时段的发电量最大。状态变量为各水库第1时刻的水位 $Z_{i,1}$；决策变量为各电站的引用发电流量 $Q_{i,0}$ 和 $Q_{i,1}$。互补计算得各水库第1时刻的水位 $Z_{i,1}$ 和相应决策变量 $Q_{i,0}$，$Q_{i,1}$。这时优化后的各水库水位变为 $Z_{i,0}$，

$Z_{i,1}$，$Z_{i,2}$，$\cdots$，$Z_{i,T}$，相应的决策变量变为 $Q_{i,0}$，$Q_{i,1}$，$Q_{i,2}$，$\cdots$，$Q_{i,T}$。

步骤 3：同理，按照电站顺序，依次对第 i 个电站下一时刻进行寻优。固定第 1 时刻和第 3 时刻的水位 $Z_{i,1}$ 和 $Z_{i,3}$ 保持不变，调整第 2 时刻的水位 $Z_{i,2}$，使第 1 和 2 两时段的发电量最大，互补计算得各水库第 2 时刻的水位 $Z_{i,2}$ 和相应决策变量 $Q_{i,1}$ 和 $Q_{i,2}$。这时优化后的各水库水位变为 $Z_{i,0}$，$Z_{i,1}$，$Z_{i,2}$，$Z_{i,2}$，$\cdots$，$Z_{i,T}$，相应的决策变量变为 $Q_{i,0}$，$Q_{i,1}$，$Q_{i,2}$，$Q_{i,3}$，$\cdots$，$Q_{i,T}$。

步骤 4：重复步骤 3，直到终止时刻（第 T 时刻）为止。从而得到初始条件和约束条件下的梯级各水库水位过程线、引用发电流量过程和梯级总电量。

步骤 5：以前次求得的各水库过程线为初始轨迹，重新回到步骤 2。直到相邻两次迭代求得的发电量增量达到预先指定的精度要求为止。

2.2.3　群集智能化算法

1. 遗传算法

遗传算法（Genetic Algorithm，GA）是由生物进化思想启发得出的一种全局优化算法，在本质上是一种不依赖具体问题的直接搜索方法。遗传算法的基本思想基于达尔文进化论和 Mendel 遗传学说。

达尔文进化论提出适者生存原理，认为每一物种在发展中越来越适应环境。物种每个个体的基本特征由后代继承，但后代又会产生一些异于父代的新变化。在环境变化时，只有那些能适应环境的个体特征方能保留下来。

Mendel 遗传学说提出基因遗传原理，认为遗传以密码方式存在于细胞中，并以基因形式包含在染色体内。每个基因有特殊的位置并控制某种特殊性质，所以每个基因产生的个体对环境具有某种适应性。基因突变和基因杂交可产生更适应环境的后代。经过存优去劣的自然淘汰，适应性高的基因结构得以保存下来。

遗传算法把问题的解表示成"染色体"，即在算法中也是以二进制编码的串。并且，在执行遗传算法之前，给出一群"染色体"，也即假设解。然后，把这些假设解置于问题的"环境"中，并按适者生存的原则，从中选择出较适应环境的"染色体"进行复制，再通过交叉、变异过程产生更适应环境的新一代"染色体"群。这样，一代一代地进化，最后就会收敛到最适应环境的一个"染色体"上，它就是问题的最优解。

长度为 L 的 n 个二进制串 bi（i=1，2，…，n）组成了遗传算法的初解群，也称为初始群体。在每个串中，每个二进制位就是一个体染色体的基因。根据进化术语，对群体执行的操作有三种。

（1）选择（Selection）。这是从群体中选择较适应环境的个体。这些被选中的个体用于繁殖下一代。有时也称这一操作为再生（Reproduction）。由于在选择用于繁殖下一代的个体时，是根据个体对环境的适应度决定其繁殖量的，故有时也称之为非均匀再生（Differential Reproduction）。

（2）交叉（Crossover）。这是在被选中用于繁殖下一代的个体中，对两个不同的个体的相同位置的基因进行交换，从而产生新的个体。

（3）变异（Mutation）。这是在被选中的个体中，对个体中的某些基因执行异向转化。在串 bi 中，如果某位基因为 1，产生变异时就是把它变成 0；反之亦然。遗传算法应用于水库调度时，可以将水位变化范围进行离散。

遗传算法作为一种快捷、简便、容错性强的算法，与传统的搜索方法相比，具有广泛的适应性、并行性、鲁棒性、全局优化性等优点，可满足求解问题的目标函数无连续、可微等要求，特别适合求解含有多参数多变量的互补优化问题。

遗传算法的主要特点如下。

（1）遗传算法从问题解的串集开始搜索，而不是从单个解开始。这是遗传算法与传统优化算法的极大区别。传统优化算法是从单个初始值迭代求最优解的，容易误入局部最优解。遗传算法从串集开始搜索，覆盖面大，利于全局择优。

（2）遗传算法求解时使用特定问题的信息极少，容易形成通用算法程序。由于遗传算法使用适应值这一信息进行搜索，并不需要问题导数等与问题直接相关的信息。遗传算法只需适应值和串编码等通用信息，故几乎可处理任何问题。

（3）遗传算法有极强的容错能力。遗传算法的初始串集本身就带有大量与最优解甚远的信息，通过选择、交叉、变异操作能迅速排除与最优解相差极大的串，这是一个强烈的滤波过程，并且是一个并行滤波机制。故而，遗传算法有很高的容错能力。

（4）遗传算法中的选择、交叉和变异都是随机操作，没有确定的精确规则。这说明遗传算法是采用随机方法进行最优解搜索，选择体现了向最优解迫近，交叉体现了最优解的产生，变异体现了全局最优解的覆盖。

（5）遗传算法具有隐含的并行性。

2. 蚁群算法

蚁群算法（Ant Colony Algorithm，ACA）模拟了自然界中蚂蚁觅食路径的搜索过程。蚂蚁在寻找食物时，能在其走过的路径上释放信息素（pheromone），蚂蚁在觅食过程中能够感知信息素的存在和强度，并倾向于朝信息素强度高的方向移动。因此，由大量蚂蚁组成的蚁群集体行为就表现出两种现象：信息正反馈和随机全局搜索。信息正反馈使某一路径上走过的蚂蚁越多时，该路径累积的信息素强度不断增大，后来者选择该路径的概率也越大。随机全局搜索使搜索过程不易过早陷入局部最优。正是蚂蚁群体的这种集体行为表现出的"群集智能"（Swarm Intelligence）保证了蚁群算法的有效性和先进性。

蚁群算法是在最初的蚁周算法（Ant-cycle Algorithm）、蚁量算法（Ant-quantity Algorithm）、蚁密算法（Ant-density Algorithm）基础上修正而来。蚁群算法模型的定义要受到问题结构的影响，用于问题的蚁群算法基本过程如下。

（1）定义并且初始化人工蚁群集合 Ω。

（2）设定迭代次数或终止条件，开始循环迭代。

在每次迭代中，蚂蚁选择城市时遵循所谓的状态转移规则（State

Transition Rule）：

$$s_k = \begin{cases} \text{argmax} \; \{ \; [\tau\,(r,\,u)]^\alpha\,[\eta\,(r,\,u)]^\beta\}, & q \leqslant q_0 \\ S, & q > q_0 \end{cases} \qquad (2-24)$$

式中，s_k 是编号为 k 的蚂蚁所选中的下一个城市；q 表示 $[0,\,1]$ 上的随机数，参数 q_0（$0 \leqslant q_0 \leqslant 1$）决定搜索或利用的阈值。$\tau\,(r,\,u)$ 代表与支路（r，u）相关的信息素痕迹（pheromone trail）；$\eta\,(r,\,u)$ 用于评价蚂蚁从 r 向 u 移动的局部启发函数，称为能见度（visibility）；参数 $\alpha > 0$ 和参数 $\beta > 0$ 分别描述信息素强度与启发函数对蚂蚁决策的相对影响；蚂蚁在选择下一个城市时，若 $q \leqslant q_0$，称为利用已知信息（exploitation），这是非随机的方法。

若 $q > q_0$，则按照浓度高概率高的原则依概率 p 选择随机变量 S，称为搜索（exploration）。其中，

$$p = \begin{cases} \dfrac{[\tau(r,s)]^\alpha\,[\eta(r,s)]^\beta}{\displaystyle\sum_{u \in J_k(r)} [\tau(r,u)]^\alpha\,[\eta(r,u)]^\beta} & s \notin J_k(r) \\ 0 & s \in J_k(r) \end{cases} \qquad (2-25)$$

式中，$J_k\,(r)$ 是蚂蚁禁忌表，其中存储当前已构造的不完全路径上的城市，利用禁忌表使蚂蚁到这些城市的转移概率为 0。其他参数同前。

（3）每次迭代结束对所有蚂蚁进行信息素更新。

$$\tau\,(r,\,s) = (1-\rho)\,\cdot\,\tau\,(r,\,s) + \rho\cdot\Delta\tau\,(r,\,s) \qquad (2-26)$$

式中，ρ（$0 < \rho < 1$）是信息素挥发参数；若蚂蚁 k 为本代最优，则 $\Delta\tau\,(r,\,s) = 1/L_k$，否则为 0。其中 L_k 为最优解的路线长度。

（4）满足迭代终止条件，输出结果。

在求解梯级水电互补调度模型过程中，蚁群算法将库容离散为若干点，问题的每一个可行解都是各时段库容离散点组合的子集。定义人工蚂蚁的每条路径代表问题的一个解，即各时段库容离散点组合 V ｛v_1，v_2，…，v_T｝，随机初始化 m 个人工蚂蚁及其初始路径。然后设定迭代

次数或终止条件，开始循环迭代。在每次迭代中，蚂蚁选择遵循的状态转移规则修改为：当 $q \leqslant q_0$，引入变异算法，随机地进行变异，即对 V $\{v_1, v_2, \cdots, v_T\}$ 中的 v_i（$i = 1, 2, .., T$）进行变异，以增大搜索时所需的信息量；应用 3 – opt 局部优化算法优化路径。当 $q > q_0$，依概率选择不同路径。式（2 – 24）修正为：

$$p = \begin{cases} \dfrac{[\tau_i]^\alpha \, [\eta_{ij}]^\beta}{\displaystyle\sum_{s \in S} [\tau_s]^\alpha \, [\eta_{is}]^\beta} & s \in S \\[4mm] 0 & s \notin S \end{cases} \tag{2-27}$$

式中，集合 S 代表蚁群现存的可行路径；τ_s 代表与路径 s 相关的信息素痕迹；η_{is} 用于评价蚂蚁从 i 向 s 移动的局部启发函数，具体定义为：

$$\eta_{is} = E_i - E_s \qquad i, s \in S \tag{2-28}$$

每次迭代结束，计算各蚂蚁当前路径的目标函数值 E_k（$k = 1, 2, \cdots, m$），记录当前的最优解。对所有的蚂蚁路径按式（2 – 28）更新信息素：

$$\tau_i = (1 - \rho) \cdot \tau_i + \rho \cdot \Delta\tau_i \qquad i \in S \tag{2-29}$$

若蚂蚁路径 i 为当前最优解，则 $\Delta\tau_i = E_i / C$，否则 $\Delta\tau i = 0$，其中 E_i 为当前最优解，C 为正常数。满足迭代终止条件后，便输出结果。

算法中引入变异的目的是增大信息量，提高全局搜索能力。引入局部优化的目的是提高算法性能，能在搜索初期获得高质量的解，更直接地引导学习机制。由此形成一个有效的信息正反馈机制，不断地搜索更好的路径，同时较优的路径被后来蚂蚁选择的可能性较大，较优的路径信息素强度不断加强，最终使路径选择向最优的方向逼近。

3. 粒子群算法

粒子群优化算法（Particle Swarm Optimization，PSO）是基于群体的演化算法，其思想来源于人工生命和演化计算理论。Reynolds 对鸟群飞行研究发现，鸟类仅仅是追踪它有限数量的邻居，但最终的整体结果是整个鸟群好像在一个中心的控制之下，即复杂的全局行为是由简单规则的相互作用引起的。PSO 源于对鸟群捕食行为的研究，一群鸟在随机搜寻食物，如果这个区域里只有一块食物，那么找到食物的最简单有效的策略就是搜寻目前离食物最近的鸟的周围区域。PSO 算法就是从这种模型中得到启示而产生的，并用于解决互补优化问题。

粒子群优化算法求解互补优化问题时，问题的解对应于搜索空间中一只鸟的位置，称这些鸟为"粒子"（particle）或"主体"（agent）。每个粒子都有自己的位置和速度（决定飞行的方向和距离），还有一个由被优化函数决定的适应值。各个粒子记忆、追随当前的最优粒子，在解空间中搜索。每次迭代的过程不是完全随机的，如果找到较好解，将会以此为依据来寻找下一个解。

令粒子群优化算法初始化为一群随机粒子（随机解），在每一次迭代中，粒子通过跟踪两个"极值"来更新自己：第一个就是粒子本身所找到的最好解，叫作个体极值点（用 $\vec{p_i}$ 表示其位置），另一个极值点是整个种群目前找到的最好解，叫作全局极值点（用 $\vec{p_g}$ 表示其位置）。找到这两个最好解之后，粒子可根据式（2-29）和式（2-30）来更新自己的飞行速度和位置。

有 m 个粒子，粒子 i 的信息可用 D 维向量表示，位置表示为 $\vec{X_i} = (X_{i1}, X_{i2}, \cdots, X_{iD})$，$i = (1, 2, \cdots, m)$，速度表示为 $\vec{V_i} = (V_{i1}, V_{i2}, \cdots, V_{iD})$，其他向量类似。则位置和速度更新方程如下：

$$V_{id} = wV_{id} + c_1 r_1 \ (P_{id} - X_{id}) \ + c_2 r_2 \ (P_{gd} - X_{id}) \tag{2-30}$$

$$X_{id} = X_{id} + V_{id} \tag{2-31}$$

式中，$i = (1, 2, \cdots, m)$；$d = (1, 2, \cdots, D)$；w 是非负常数，称为惯性因子。w 也可以随着迭代线性地减小，取值一般在区间 [0.8, 1.2]；学习因子 c_1 和 c_2 是非负常数，一般为 2；r_1 和 r_2 是区间 [0, 1] 的随机数；$V_{id} \in (-V_{max}, V_{max})$；$V_{max}$ 是常数。

迭代终止条件一般选为最大迭代次数和粒子群迄今为止搜索到的最优位置满足适应阈值。

梯级水电互补调度是一个强约束、非线性、多阶段的组合优化问题，可以表述为：找到一水位变化序列 $(Z_1, Z_2, \cdots, Z_n)$ 在满足各种约束条件下使发电收入最大。用粒子群优化算法求解梯级水电联合互补调度模型时，一个粒子就是水电站的一种运行策略，粒子位置向量 $\vec{x}$ 的元素为水库各时段末水位，速度向量 $\vec{V}$ 的元素为水库各时段末水位的涨落速度，水库各时段末水位的变化必须满足上述模型中的各种约束条件，为了增加初始可行解，本研究采用罚函数将约束转化为无约束。算法步骤如下。

步骤1：在各时段允许的水位变化范围内，随机生成 m 组时段末水位变化序列 $(Z_1^1, Z_2^1, \cdots, Z_D^1)$，$\cdots$，$(Z_1^m, Z_2^m, \cdots, Z_D^m)$，随机生成 m 组时段末水位涨落速度变化序列 $(V_1^1, V_2^1, \cdots, V_D^1)$，$\cdots$，$(V_1^m, V_2^m, \cdots, V_D^m)$，即随机初始化 m 个粒子。粒子 i 的 $\vec{p}_i$ 坐标设置为粒子的当前位置 $\vec{p}_i = Z_t^i$ $(i=1, 2, \cdots, m; t=1, 2, \cdots, D)$，并按目标函数计算出其相应的个体极值 $E(i)$。找出 m 个个体极值中最大的一个使全局极值 $E_g = Max\{E(i), i=1, 2, \cdots, m\}$，记录下最好粒子的序号 k，$\vec{P}_g$ 设置为该粒子的位置 $\vec{p}_g = Z_t^k$ $(t=1, 2, \cdots, D)$。

步骤2：计算各粒子目标函数值，如果好于粒子当前的个体极值 $E(i)$，则将 $\vec{P}_i$ 设置为该粒子的位置，且更新个体极值。如果所有个体极值中最好的好于当前的全局极值 E_g，则将 $\vec{P}_g$ 设置为该粒子的位置，且更新全局极值。

步骤3：式（2-29）和式（2-30）更新粒子各自的速度和位置。

步骤4：检验是否满足迭代终止条件。如果当前迭代次数达到了预先设定的最大迭代次数，或达到最小误差要求，则迭代终止，输出结果，否则转到步骤2，继续迭代。

迭代终止，记录下的全局极值点的位置即为水库的最优调度线。

粒子群优化算法具有易理解、参数少而易实现，对非线性、多峰问题均具有较强的全局搜索能力等特点，算法易于编程实现，而且占用计算机内存小，计算速度快，搜索效率高，为多水库联合互补调度解决

"维数灾"问题提供了新的途径。

4. 免疫算法

免疫算法（Immune Algorithm）是一种全局随机概率搜索方法，具有多样性、耐受性、免疫记忆、分布式并行处理、自组织、自学习、自适应和鲁棒性等特点。通过用抗体代表问题的可行解，抗原代表问题的约束条件和目标函数，采用能体现抗体促进和抑制的期望繁殖率来选择父个体，从而达到快速收敛到全局最优解的目的。

实数编码的免疫算法的计算步骤如下。

步骤1：分析问题，设计解的合理表达形式。

步骤2：给机体注射疫苗，使其产生初次免疫应答。

步骤3：从产生初次免疫应答的抗体中选择 M 个作为初始种群，并且随机生成 N 个抗体，其中 N 是记忆库的大小。

步骤4：对初始抗体进行评价。评价标准采用期望繁殖率 e_v，其计算方法如下。

①计算抗体 v 的浓度 C_v。

$$C_v = \frac{1}{N} \sum_{w=1}^{N} ac_{vw} \qquad (2-32)$$

其中，$ac_{vw} = \begin{cases} 0, & ay_{vw} \geq Tac \\ 1, & ay_{vw} < Tac \end{cases}$，Tac 是已确定的浓度阈值。

②计算抗体 v 的期望繁殖率。

$$e_v = \frac{ax_v}{C_v} \qquad (2-33)$$

抗体的期望繁殖率同时体现了免疫系统对亲合度高的抗体的促进和对浓度高的的抗体的抑制，这样可以维持抗体的多样性，避免过早陷入局部最优。

步骤5：形成父代群体。将初始群体按 e_v 的降序排列，并取前 M 个个体构成父代群体；再按照 ax_v 降序排序同时取前 N 个个体存入记忆库中。

步骤6：判断是否满足结束条件。是，则结束；否，则继续下一步操作，若评价结果有更优的抗体，将其放入记忆库中，同时删除记忆库中抗体和抗原亲合度较低的抗体。

步骤7：新群体的产生。基于步骤4的计算结果对抗体群体按照其评价结果进行交叉和变异处理，得到新群体。再从记忆库中取出记忆的个体，共同构成新一代群体。

步骤8：转去执行步骤4。

免疫优化算法具有以下特点：引入了疫苗接种机制，相对于遗传算法加快了收敛速度；采用改进的记忆库设计体系，突破了传统免疫算法易于陷入局部最优的困境；收敛性较好，不容易出现"维数灾"的问题。

5. 三角旋回算法

三角旋回算法（Triangle Gyration Algorithm）借鉴了实数编码遗传算法的染色体编码方式和量子进化算法中量子旋转门的进化思想。该算法既不是仿生算法，也不是基于物理概念的一类算法，而是纯粹的数学方法三角函数的迭代过程，是一种具有灾变机制的有指导的迭代算法。通过三角函数来定义个体每一位变化幅度，当变化量小于设定的阈值时，引入灾变来跳出局部最优。

（1）基本概念。

①个体（Ind）。指每一代中的编码串，采用实数编码，取值范围 ∈ [0，1]。

②旋回率（GP）。进行三角旋回算子操作时的参数，代表向计算方向（向最优解方向）移动的概率，概率取60.0%，则GP设置为0.4。

③灾变率（CP）。作为算法跳出局部最优的重要组成部分，若随机数小于灾变率，则对个体相应位进行灾变。

④灾变阈值（CT）。当相邻两代的最优值变化率小于灾变阈值时，则该代具有灾变资格，该值能够让算法迭代跳出局部最优。

（2）算法过程。

步骤1：针对问题需要，设计解的合理表达形式，计算出编码位数

（一般取需要优化的变量个数，类似于遗传算法）。

步骤 2：随机生成 nN 个个体（Ind），个体每一位上采用［0，1］上的随机数填充。

步骤 3：对 nN 个个体解码，计算目标函数值，并且保存该代最优目标函数值，该值叫作代内最优值，并与历史最优值比较，若大于历史最优值，则将其替代。

步骤 4：调用三角旋回算子 Gyration（）。

步骤 5：判断该代是否具有灾变资格。是，进行灾变操作；否，下一步。进行灾变时对于个体每一位，生成一个随机数，若该随机数小于灾变率，则采用一个新的［0，1］上的随机数替代原来的值。

步骤 6：判断是否满足结束条件。是，结束并输出结果；否，转到步骤 3。

（3）三角旋回算子。

在设计三角旋回算子中本研究借鉴了量子算法中的量子旋转门。量子旋转门在进行进化时采用一个给定的角度值进行旋转，并根据一个随机数确定当前位取值为 0 或是为 1（采用二进制编码）。

以某个个体为例，假设该个体的编码长度为 nCh，该个体的目标函数值为 $dFit$，历史最优个体目标函数值为 $dBestFit$。记：

$$\sin\theta = \frac{dFit}{dBestFit} \tag{2-34}$$

式中，θ 为旋回角，$\sin\theta$ 的大小表征了当前个体与历史最优个体的差距。记该个体中第 i 位的值为 $dBit_i$，对应的历史最优个体第 i 位记为 $dBestBit_i$，二者都是区间［0，1］的实数。则：

$$\begin{cases} \text{如果 } dBit_i < dBestBit_i, \text{则} \begin{cases} \theta' = \theta, \text{且当 Random} < CP \\ \theta' = \frac{\pi}{2} - \theta, \text{且当 Random} \geqslant CP \end{cases} \\ \text{如果 } dBit_i \geqslant dBestBit_i, \text{则} \begin{cases} \theta' = \frac{\pi}{2} - \theta, \text{且当 Random} < CP \\ \theta' = \theta, \text{且当 Random} \geqslant CP \end{cases} \end{cases} \tag{2-35}$$

式中，θ' 是旋回后的旋回角，Random 是 [0, 1] 上标准正态分布的随机数。有了 θ' 后，就可以对个体进行迭代计算：

$$dBit_{i,next} = \begin{cases} dBit_i + (dBestBit_i - dBit_i)\sin\theta', dBit_i < dBestBit_i \\ dBestBit_i + (dBit_i - dBestBit_i)\sin\theta', dBit_i \geq dBestBit_i \end{cases} \quad (2-36)$$

在对个体进行迭代计算时，若个体违反了系统的约束条件，则直接对该个体进行一次灾变操作来得到下一代个体相应位 $dBit_{i,next}$。

三角旋回算子能够使算法收敛到具有更优目标函数值的个体，其迭代说明图如图 2-3 所示。

图 2-3　三角旋回算子迭代说明

若当前个体和历史最优个体第 i 位有 $dBestBit_i > dBit_i$，当个体和历史最优个体的差异较大时，其回旋角 θ 的正弦值就较小，这就要求 $dBit_i$ 向 $dBestBit_i$ 靠近，并且靠近的幅度要较大。旋回角就定义了需要调整的幅度，差异越大，旋回角 θ 就越小，则 $(\pi/2 - \theta)$ 就越大，调整就会越靠近 $dBestBit_i$；反之，差异越小，旋回角 θ 就越大，调整就会越靠近 $dBit_i$。这样迭代下去，算法就朝着最优个体方向推移。

（4）编码方式。

鉴于实数编码遗传算法优越的性能，三角旋回算法将采用实数编码遗传算法的编码机制，对个体采用实数编码，编码范围 $\in$ [0, 1]。编码长度一般为决策变量的个数，实数编码方式主要采用下面的线性变化：

$$x(j) = a(j) + y(j)(b(j) - a(j)) \quad (2-37)$$

式（2-27）把初始变化区间为 [$a(j)$, $b(j)$] 区间的第 j 个优化变量 $x(j)$ 对应到 [0, 1] 上的实数 $y(j)$。优化问题所有决策变量对应的编码依次连在一起构成问题解的编码形式（$y(1)$，$y(2)$，…，$y(nCh)$）称为个体。经过这种实数编码，所有决策变量的取值范围都统一为 [0, 1] 区间。三角旋回算法直接对各个编码位进行三角旋回操作。

通过对比实数编码遗传算法和三角旋回算法的各方面特点，二者同是采用实数编码方式。遗传算法的进化过程一方面通过适应度函数来选择染色体，另一方面对选择出来的染色体通过交叉和变异来进行进化，从而达到收敛到函数全局最优解的目的。三角旋回算法通过历史最优个体的适应度值和个体每一位决定个体变幅的方向和大小，并采用灾变机制保证算法跳出局部最优解。二者特点比较见表 2-1。

表 2-1　实数编码遗传算法和三角旋回算法的特点比较

比较项目	实数编码遗传算法	三角旋回算法
编码方式	实数制	实数制
进化参考目标	染色体适应度	历史最优个体
操作算子	选择、交叉和变异算子	三角旋回算子
跳出局部最优法	变异算子	灾变机制
进化目标	两条染色体基因位随机组合	按照一定的幅度接近最优个体每一位

从表 2-1 可以看出，基于实数编码的遗传算法和三角旋回算法除了在编码机制上具有一定的相同点外，其余核心部分均不相同，特别是在二者的进化方式和进化目标上，遗传算法采用标准的交叉、变异进行进化，基因位的随机组合造成大量的不确定性和退化解，而三角旋回算法通过计算得出确定的进化方向和进化幅度，避免了进化的盲目性，提高了算法的计算性能。

（5）进化策略。

量子进化算法中的量子旋转门给了巨大的启示，其通过变换旋转角度 θ 从而实现对量子个体的进化。三角函数的出现帮助发现了对个体每一位进行进化的策略。

对比分析量子旋转门和三角旋回算法中采用的三角旋回算子。量子进化算法采用的是二进制编码，其使用量子旋转门的作用是改变当前量

子体 α_i 的取值，从而改变个体某一位取 0 或是 1 的概率，同时其旋转角度是个定值。其进化的参考目标是历史最优个体的适应度值和该个体每一位的取值，进化目标是将对应位依概率保持和历史最优个体对应位相同。三角旋回算法采用实数编码机制，其采用三角旋回算子的作用是直接修改个体实数编码值，旋回角是根据适应度而发生相应的变化。其进化的参考目标是历史最优个体的适应度值和该个体每一位的取值，进化目标是将当前个体的每一位按照一定的幅度靠近历史最优个体的相应每一位。二者的特点比较见表 2－2。

表 2－2 量子进化算法和三角旋回算法的特点比较

比较项目	量子进化算法	三角旋回算法
编码方式	二进制	实数制
旋转改变的对象	量子态概率	实数编码值
旋转角度	事前固定	随适应度变化
进化参考目标	历史最优量子体	历史最优个体
进化目标	依概率和最优个体每一位相同	按照一定的幅度接近最优个体每一位

由表 2－2 可以看出，虽然三角旋回算法的进化思路来自量子进化算法，但和量子进化算法有很大的区别。最根本的一点在于二者的进化目标上，三角旋回算法提出以一定幅度来接近历史最优个体，避开了概率性不确定内容。

（6）个体进化方向和进化幅度。

对进化方向进行研究时，令当前个体第 i 位的值为 $dBit_i$，当前个体的适应度为 $dFit$；令历史最优个体第 i 位的值为 $dBestBit_i$，历史最优个体的适应度为 $dBestFit$。个体每一位的进化方向指第 i 位是向当前个体的 $dBit_i$ 靠拢，还是向历史最优个体的 $dBestBit_i$ 靠拢。三角旋回算法采用个体适应度（目标函数值）来进行进化方向的判别。若当前个体的适应度 $dFit$ 大于历史最优个体的适应度 $dBestBit_i$，则向 $dBit_i$ 方向进化；反之，则向 $dBestBit_i$ 的方向进化。

当进化方向确定后，就应该考虑进化幅度的大小。三角旋回算法中的进化幅度采用三角旋回角 θ 来描述，θ 的正弦值为当前个体适应度和历史最优个体适应度的比值 $\in [0, 1]$。通过线性变换可以将 $[0, 1]$ 区间上的正弦值映射到原 $dBit_i$ 和 $dBestBit_i$ 所构成的区间，这样 $sin\theta$ 就可以表现出进化的幅度。

三角旋回算法采用个体历史最优值作为迭代进化的指导，以个体目标函数值与历史最优目标函数值的比值作为旋回角的三角正弦函数值，并利用该值确定个体下一代编码（实数编码）的变化度，从而完成全局的迭代收敛，避免了随机搜索的盲目性。算法具有很强的鲁棒性，其收敛性能受参数初始值影响小，能够快速收敛到全局最优解。

6. 对分插值与混沌嵌套搜索算法

对分插值逼近算法指在区间内以等分的方式逐渐向中点插值逼近搜索。以单变量为例，如在区间 $[0, 1]$ 内，第一步加入 0、1 两点，第二步在 0.5 处插入，第三步在 0.25、0.75 处插入……以此类推，每次均加入上次两点的中点，这样不断取新的中点组成的集合，即为该算法的结果集。

该算法用公式描述如下：

$$x_{n=2\mu-3+\nu+1} = \begin{cases} 0 & |\mu=1, \ \nu=-2^{\mu-3} \\ 1 & |\mu=2, \ \nu=1-2^{\mu-3} \\ (2\nu-1)/2^{\mu-2} & |\mu=3, 4, \cdots; \ \nu=1, \cdots, 2^{\mu-3} \end{cases} \quad (2-38)$$

式中，参数 μ 为迭代步数，ν 为自第 3 步迭代起（前两步取区间端点值）每次的对分插值数目，x_n 为第 n 次插值在区间 $[0, 1]$ 的取值。

可证明，当 x_n 为对分插值逼近算法产生的分布于同一概率空间中的点，则 $f(x_n)$ 以概率 1 收敛于函数 $f(x)$ 的全局最优值 $f(x^*)$。式（2-37）所表示的对分插值逼近过程如图 2-4 所示，当迭代步数在 10（u 值）以上时，插值点在区间 $[0, 1]$ 分布已相当稠密了。

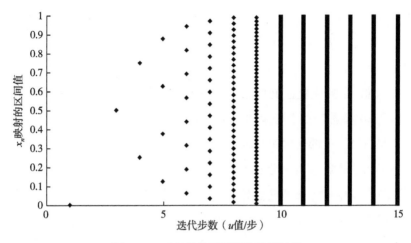

图2-4　对分插值逼近算法迭代过程

另一方面，混沌是自然界广泛存在的一种非线性现象，利用混沌运动的遍历性、随机性、规律性、对初始条件敏感性等特点，把混沌变量线性映射到被优化函数的取值区间，可以进行优化搜索。通常应用 Logistic 映射来产生混沌变量：

$$\begin{cases} x_{n+1} = \alpha \cdot x_n \cdot (1 - x_n) \\ \alpha \in [0, 4], \ x_n \in [0, 1], \ n = 0, 1, 2, \cdots \end{cases} \qquad (2-39)$$

式中，n 为演化的代数；x_n、x_{n+1} 分别表示第 n 代、$n+1$ 代生物种群数目；α 为生长率控制参数。

式（2-38）是模拟生物种群随时间演化的数学模型，当 $\alpha = 3$ 时，式（2-38）发生倍周期分岔，当 $\alpha > \alpha_\infty = 3.569945672$ 时，系统进入混沌状态，混沌轨道表现出对初始条件的极端敏感性，轨道中任意接近的点将逐渐分离而变得仿佛毫不相关，其轨道的形式决定于参数 α，当 $\alpha = 4$ 时混沌轨道形成 [0，1] 区间的满映射。混沌优化算法本质与模拟退火、遗传算法等一样，属于某种具有随机性的优化方法，但混沌优化算法直接采用混沌映射进行寻优搜索，对被优化问题没有诸如连续性、可微性等条件要求，其搜索过程完全按照混沌运动自身的规律进行，其优化搜索更为简单、具有全局优化特点。

图2-5 为 Logistic 当 $\alpha = 4$ 时的混沌满映射分布图，迭代次数为

5000 步。由图 2 –4、图 2 –5 比较可知，混沌映射的遍历性并不好，其
均匀性较差，映射点在边缘处密度很高，在区间中央部位密度较低；而
对分插值逼近算法是在区间内均匀映射，映射的遍历性非常好，如当
$u = 13$ 时，在被优化区间的插值点为 1024 点（已累计插值 2049 点），
由图 2 –4 和图 2 –5 对比可见其插值密度已非常高了，因而该算法达到
同样映射密度时的迭代次数也比混沌优化算法少，但也存在随着迭代次
数增加而使收敛速度变慢的局限。本节提出的嵌套搜索算法的基本思
想，就是利用对分插值逼近算法的高遍历性优点，实现寻优的粗定位；
利用混沌优化算法随机性、对初始条件的极端敏感性，实现寻优的局部
细搜索。

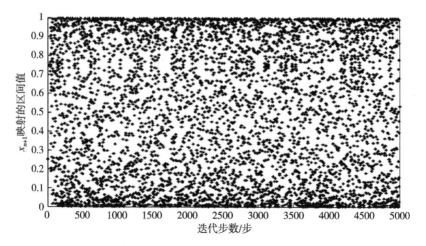

图 2 –5   Logistic 在时的混沌映射分布

流域梯级水电互补调度中发电量最大的目标函数，实质就是求 V_i^l 为
决策变量的发电量最大问题。将梯级水库由上到下按顺序排列，各水
库各时段库容组合成梯级水库的调度线，组合 V（V_1^1，V_1^2，$\cdots$，V_1^T，
V_2^1，$\cdots$，V_i^t，V_i^{t+1}，$\cdots$，V_M^{T-1}，V_M^T）的连接称为路径。其优化流程如
图 2 –6 所示。

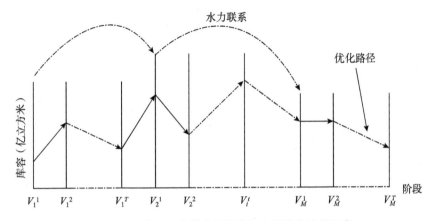

图 2-6 以库容为决策变量的梯级水库优化过程示意

（1）粗定位。利用对分插值逼近算法"遍历性"好的特性，对梯级各水库各时段库容进行寻优，其算法步骤如下。

步骤 1：令 $u=4$、$v=1$、$t=1$、$i=1$，并设 E_{opt}、$V_{i\_opt}^t$ 分别为 E 和 V_i^t 优化过程中的优化值。

步骤 2：将各水库库容约束值映射为优化区间值，即 $\nabla V_i = V_{i\_max} - V_{i\_min}$，取梯级第 1 个水库该时段的库容初值为 $V_{1\_opt} = \nabla V_1/2 + V_{1\_min}$，其余水库依据约束条件依次推定初值，计算目标值为 E_{opt}。

步骤 3：依据式（2-38）计算 x_n，并把 x_n 值映射到各水库的库容约束区间 $[V_{i\_min}, V_{i\_max}]$，取 $V_i^t = V_{i\_min} + x_n \cdot \nabla V_i$，并进行约束检验。

步骤 4：计算目标值 E，比较 E、E_{opt}，若 $E > E_{opt}$，则令 $E_{opt} = E$，$V_{i\_opt}^t = V_i^t$。

步骤 5：$v=v+1$。若 $v \leqslant 2^{u-3}$，跳转到步骤 3，否则执行下一步。

步骤 6：$u=u+1$。若 $u \leqslant K1$（$K1$ 为迭代限值），令 $v=1$，跳转到步骤 3，否则执行下一步。

步骤 7：$t=t+1$。若 $t \leqslant T$，令 $u=4$、$v=1$，跳转到步骤 3，否则执行下一步。

步骤 8：$i=i+1$。若 $i \leqslant M$，令 $u=4$、$v=1$、$t=1$，跳转到步骤 3，否则执行下一步。

步骤 9：如果 $|E_{opt}' - E_{opt}| \geqslant \delta_1$（$E_{opt}'$ 为上一阶段优化值，δ_1 为要求精

度），则令 $u=4$、$v=1$、$t=1$、$i=1$，跳转到步骤 3。若 $|E_{opt}' - E_{opt}| <$ δ_1，则迭代结束。

（2）细搜索。将粗定位的迭代结果带入 Logistic 映射，利用混沌轨道对初值的极端敏感性进行局部搜索。其算法步骤如下。

步骤 10：令 $t=1$、$i=1$、$\alpha=4$，任取 $[0, 1]$ 内一初值（但不能取 Logistic 方程的不动点 0、0.25、0.5、0.75、$(2+\sqrt{3})$ /4、1）。

步骤 11：根据式（2-38），将 Logistic 变量映射到区间 $[-1, 1]$，即 $x_{n+1}' = 2x_{n+1} - 1$，取 $V_i^t = V_{i\_opt}^t + \lambda \cdot x_{n+1}' \cdot \nabla V_i$（$\lambda$ 为搜索带宽控制系数，通常取值的范围为 0.001~0.1），并进行约束检验。

步骤 12：计算目标值 E，比较 E、E_{opt}，若 $E > E_{opt}$，则令 $E_{opt} = E$，$V_{i\_opt}^t = V_i^t$。

步骤 13：重复步骤 11~12 迭代搜索 $K2$（设定值）次后，若 $|E_{opt}' - E_{opt}| < \delta_2$（$\delta_2$ 为要求精度），则停止迭代，执行下一步骤，否则增大 $K2$ 值继续迭代；

步骤 14：$t=t+1$。若 $t \leqslant T$，跳转到步骤 11，否则执行下一步。

步骤 15：$i=i+1$。若 $i \leqslant M$，跳转到步骤 11，否则执行下一步。

步骤 16：重复步骤 10~15 迭代搜索，若 $|E_{opt}' - E_{opt}| \geqslant \delta_2$，则继续迭代；若 $|E_{opt}' - E_{opt}| < \delta_2$ 或迭代次数超过最高限值 $K3$（设定），则迭代结束。

对分插值与混沌嵌套搜索算法通过嵌套结构把对分插值逼近算法和混沌优化算法有机结合起来，具有参数配置简单、普适性强、稳定性高等特点，可用于求解诸如梯级水电互补调度等具有约束条件的非线性优化问题。该算法克服了传统的随机搜索方法在求解梯级水电互补调度问题时出现的"早熟"现象，具有全局优化特性，收敛精度高且计算速度快。

第3章

跨流域水电站群互补调度

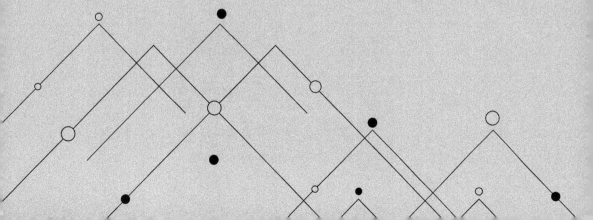

3.1 跨流域补偿调节方法

由于各水电站水库地理位置和气象条件的不同，其出现丰、枯水的时间不完全相同，同时各水电站水库有效库容大小、调节性能、水头等发电条件也存在差异，因此把它们作为整体联合起来，共同满足电力系统用电和水利系统用水要求，进行径流补偿和电力补偿，实现跨流域水电互补调度，对于提高跨流域水电站水库的综合利用效益和能量指标，具有重要作用和意义。

水电站水库群可分为无水力联系的跨流域水电站水库群和有水力联系的梯级水电站水库群两类，对于跨流域梯级水电站水库群，可分解为上述两类子问题进行求解。在同一电力系统中常常既有具有中长期（多年、年、季）调节能力的水库水电站，也有仅具有短期（周、日）调节或无调节能力的径流式水电站，当统筹全系统电站，按整个设计枯水期出力相等或保证电量最大计算时，因出力不足受调节性电站补偿的短期调节或无调节水电站称为被补偿水电站。

本章将介绍跨流域的水电站群系统中，在被补偿水电站出力过程确定后，计算各补偿水电站（调节性能较好的水电站）优化运行方式的方法，主要分析思路如图 3-1 所示。

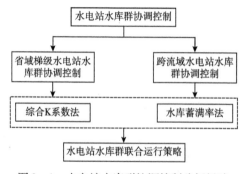

图 3-1　水电站水库群协调控制分析思路

3.1.1 综合 k 系数法

1. 计算原理

综合 K 系数法又称为蓄放水判别系数法，利用判别系数 K 的相对大小决定各水库水电站的蓄水或供水次序。梯级水电站群联合运行时不仅要考虑水力、电力补偿，以提高总的保证出力，还要考虑水库蓄放水次序，以使水电站群在联合运行时的总发电量最大。具有相当于年调节能力的水库水电站的发电水量由两部分组成：一部分是经过水库调蓄的水量，它生产的电能为蓄水电能，其大小由兴利库容决定；另一部分是流经水库的过水量（不蓄水量），它生产的电能为不蓄电能，其大小与水库调节过程中的水头变化有密切的关系，即不蓄水量在越高的水头下泄，其生产的电能也越多。

根据当前时段水电站群各水电站来流量和水头，可以计算水库水电站在不蓄不供的情况下水电站群的总的不蓄不供出力 $\sum_{i \in S} N_{\text{不蓄}i}$（$N_{\text{不蓄}i}$ 为当前时段电站 i 的不蓄不供出力）。

考虑水电站群串联联合运行时，如果 $N_{\text{不蓄}i}$ 不能满足当前时段电力系统要求水电站群提供的系统出力 $N_{\text{系统}}$ 的要求，即当 $\sum_{i \in S} N_{\text{不蓄}i} < N_{\text{系统}}$ 时，系统处于供水时段要依靠其中任一电站的水库放水来补充出力。如果完全由上游水库水电站 i 供水，其可提供的电能为：

$$dE_{\text{库}} = 0.00272 \eta_i F_i dH_i \sum H \qquad (3-1)$$

式中，η_i 为出力系数；F_i 为当前时段内水库水电站 i 的水库面积；dH_i 为当前时段 dt 内水库水电站 i 水位消落深度；$\sum H$ 表示水库水电站 i 与其下游有水力联系的各水电站的总水头之和。

相应的水库水电站 i 供水引起水头消落，引起水电站群能量损失，这里与水电站群并联不同的是，水库水电站 i 供水引起水电站群能量损失不仅包括水库水电站 i 上游来水量的不蓄电能损失，还包括上游与水库水电站 i 有水力关系的水库总蓄水所减少的蓄能，因此其能量损失总和为：

$$dE_{不蓄,i} = 0.00272\eta_i(W_{不蓄,i} + \sum V)dH_i \tag{3-2}$$

式中，$W_{不蓄,i}$为水库水电站i自当前时段至蓄水期末的不蓄来水量，$\sum V$为上游水库总的蓄水总量。可以得到串联水电站群供水期的综合K系数为：

$$K_i = \frac{dE_{不蓄,i}}{dE_{库}} = \frac{W_{不蓄,i} + \sum V}{F_i \sum H} \tag{3-3}$$

K_i值小的先供水有利。

当$\sum_{i \in S} N_{不蓄i} > N_{系统}$时，串联水电站群联合运行处于蓄水时段时，要依靠其中任一电站的水库蓄入电能$dH_{库}'$时，如果完全由上游水库水电站i蓄水，则：

$$dH_{库}' = 0.00272\eta_i F_i dH_{\bar{i}}' \sum H \tag{3-4}$$

式中，$dH_{\bar{i}}'$为当前时段水库水电站i增加的水头，其他符号意义同上。同样，当水库水电站i蓄水引起水头抬高时，其导致水电站群增加的能量也包括两部分，一部分为水库水电站i上游来水量的不蓄电能的增加，另一部分为上游与水库水电站i有水力关系的水库总蓄水蓄能的增加。因此其增加的蓄能总和为：

$$dE_{不蓄,i}' = 0.00272\eta_i(W_{不蓄,i}' + \sum V)dH_i \tag{3-5}$$

得串联水电站群蓄水期的综合K系数为：

$$K_i' = \frac{dE_{不蓄,i}'}{dE_{库}'} = \frac{W_{不蓄,i}' + \sum V}{F_i \sum H} \tag{3-6}$$

K_i'值大的先蓄水有利。

综合供水期和蓄水期的判别系数式，得计算综合K系数的通式为：

$$K_i = \frac{W_{不蓄,i} + \sum V}{F_i \sum H} \tag{3-7}$$

考虑水电能源系统为并联关系时，$\sum V$ 项为零，$\sum H$ 则仅仅为水库水电站 i 的水头。因此，不管蓄水或供水都可以采用上述统一的判别式，水电能源系统处于供水期时，K_i 值小的供水有利；处于蓄水期时，K_i 值大的蓄水有利。

2. 存在的不足

综合 K 系数从当前时段水电站群能量损益的角度来考虑水电能源系统的发电蓄放水次序，在一定程度上实现了水电能群联合调度的补偿优化，却没有确定水电站群中的各个水库水电站蓄放水的程度该怎样控制才有利于水电站群后期时段的优化运行。综合 K 系数主要存在以下问题。

（1）弃水问题。综合 K 系数法仅确定了蓄放水次序，却没有考虑各水库水电站的装机容量及库容限制等约束条件，系统往往产生弃水。系统中一些处于下游的水库水电站判别系数通常较大，按照综合 K 系数确定的蓄水期蓄水次序，先蓄水库水电站一般很快就蓄满，如果后期来水量较大，水库的兴利库容约束和发电装机的约束将导致这些水库水电站产生弃水。同样，系统处于供水期时，综合 K 系数大的水库水电站往往没有机会增加供水，从而长时期保持在高水位运行，一旦进入汛期，水库不能及时泄空也会造成这些水库水电站大量弃水。

（2）最低出力控制问题。上述弃水电能问题的产生主要是针对综合 K 系数较大的水库水电站而言，对于一些处于上游、综合 K 系数较小的水库水电站，按照综合 K 系数法确定的蓄放水次序，其在水电能源系统蓄水期时总是后蓄水，而供水期时总是先供水。当遇到一般偏枯的年份时，这些水库水电站汛末往往不能够完全蓄到正常蓄水位，枯水期则很早就放空到死水位，以至后期来水较枯时不能保证该水电站最低出力要求，并同时影响航运、供水等其他综合利用要求。此外，在枯水期内，综合 K 系数法如果一直按照水电能源系统发系统保证出力指导水电站群规划运行调度，当遇到特枯年份时，系统不及时降低出力运行可能会导致严重后果。

（3）算例。对于跨流域梯级水电站水库群，可分解为有水力联系的梯级水电站水库群和无水力联系的跨流域水电站水库群两个问题，依次单独进行求解即可。水力联系是制约水库水电站发电的重要因素，计算中往往作为硬边界约束条件，因此有水力联系的梯级水电站水库群求解更为复杂。现以某梯级水电站为例，该梯级水电站群之间存在密切的水力联系，下游串联的 5 个电站依次为 A 站、B 站、C 站、D 站、E 站，5 个电站调节性差异大，其中 A 站、D 站为季调节以上电站，其余三个电站为日调节电站。现利用综合 K 系数法，辅以单个水库水位控制线图、水电站群总蓄能调度图，确定该梯级水库群联合蓄水与消落方式。

以蓄水期为例。A 站为梯级的龙头电站，其蓄水期蓄放水判别系数 K 计算式为：

$$K = \frac{W_{不蓄}}{F \sum H} \tag{3-8}$$

式中，$W_{不蓄}$ 为 A 站水库自当前时段至蓄水期末的不蓄来水量；F 为 A 站的水库库面积；$\sum H$ 为 A 站、B 站、C 站、D 站各水库的水头之和。

D 站位于梯级的中间位置，其上游有 A 站、B 站、C 站，下游有 E 站，因此 D 站蓄水期蓄放水判别系数 K 的计算式为：

$$K = \frac{W_{不蓄} + \sum V}{F \sum H} \tag{3-9}$$

式中，$W_{不蓄}$ 为 D 站水库自当前时段至蓄水期末的不蓄来水量；F 为 D 站的水库库面积；$\sum H$ 为 D 站水库与 E 站水库水头之和；$\sum V$ 为 A 站、B 站、C 站三水库的蓄水量。

根据数值离散的原理，单库蓄能值计算式为：

$$E = \sum_{i=1}^{n} K W_i h_i \tag{3-10}$$

式中，E 为水库蓄能值；K 为电站出力系数；$i=1$，2，3$\cdots n$，表示将水库自下向上离散为 n 个单元；W_i 为单元 i 对应的蓄水量；h_i 为 i 单元对应的水库水头。

若计算梯级水库的蓄能值，由于上游水库蓄水可利用水头除本电站外，还包括下游电站的水头，因此，计算上游水库的蓄能时，还需将下游电站的水头纳入其计算公式，计算式为：

$$E = \sum_{i=1}^{n} W_i \left(Kh_i + \sum_{j=1}^{m} K_j h_j \right) \tag{3-11}$$

式中，m 代表下游的电站个数；h_j 代表下游第 j 个电站的水头；其他符号意义同前。

A 站水位变幅为 1800m ~ 1880m，出力系数 $K_{A站}=8.5$；B 站设计水头为 $h_{B站}=272m$，出力系数 $K_{B站}=8.65$；C 站设计水头为 $h_{C站}=110.72m$，出力系数 $K_{C站}=8.5$；D 站水位变幅 1155m ~ 1200m，出力系数 $K_{D站}=8.5$；E 站设计水头为 $h_{E站}=21.982m$，出力系数 $K_{E站}=8.5$。按式（3-11）计算得 A 站和 D 站水库水位蓄能关系曲线如图 3-2 和图 3-3 所示。

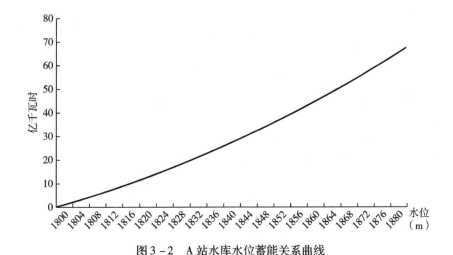

图 3-2 A 站水库水位蓄能关系曲线

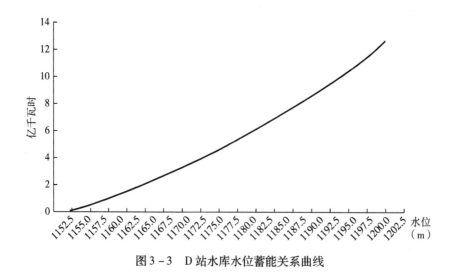

图 3-3 D 站水库水位蓄能关系曲线

单个水库水位控制线图及梯级水库蓄能调度图均以典型年梯级优化运行结果为基础，因此选取特丰水年、特枯水年分别进行年发电优化计算。特丰水年选取年份为 1964 年 11 月—1965 年 10 月、1953 年 11 月—1954 年 10 月、1997 年 11 月—1998 年 10 月、2004 年 11 月—2005 年 10 月、1992 年 11 月—1993 年 10 月；特枯水年选取年份为 1971 年 11 月—1973 年 10 月、1982 年 11 月—1984 年 10 月、1993 年 11 月—1994 年 10 月。以 12 个月为计算期，优化目标 I 为梯级年发电效益最大，优化目标 II 为不能满足保证出力时，偏离保证出力值最小，考虑水量平衡、流量平衡、下泄流量、出力等水电站运行约束，采用逐步优化算法进行求解，得到 A 站、D 站不同年份的水位过程，分别如表 3-1 和表 3-2 所示。根据优化计算各丰水年、枯水年的水位过程，得到各丰枯典型年各月份梯级总蓄能值，如表 3-3 所示。

表 3-1 A 站不同典型年优化的水库水位过程

（单位：m）

月份	丰水年					枯水年				
	1964	1953	1997	2004	1992	1971	1972	1982	1983	1993
11 月	1880	1880	1880	1880	1880	1880	1879	1880	1879	1880
12 月	1877	1875	1873	1880	1871	1873	1870	1873	1870	1879

续表

月份	丰水年					枯水年				
	1964	1953	1997	2004	1992	1971	1972	1982	1983	1993
1 月	1868	1866	1861	1872	1860	1861	1857	1861	1856	1873
2 月	1845	1852	1843	1861	1843	1847	1844	1847	1840	1862
3 月	1830	1840	1827	1851	1827	1831	1829	1832	1821	1851
4 月	1808	1814	1810	1820	1809	1814	1812	1820	1805	1846
5 月	1800	1800	1804	1805	1804	1808	1802	1827	1800	1850
6 月	1848	1800	1800	1800	1800	1842	1834	1841	1816	1859
7 月	1859	1859	1859	1845	1839	1859	1859	1859	1859	1859
8 月	1880	1861	1862	1872	1880	1880	1880	1880	1880	1880
9 月	1878	1864	1880	1880	1876	1880	1880	1880	1880	1880
10 月	1880	1880	1880	1880	1880	1880	1880	1880	1880	1880

表3-2 D站不同典型年优化的水库水位过程

(单位：m)

月份	丰水年					枯水年				
	1964	1953	1997	2004	1992	1971	1972	1982	1983	1993
11 月	1200	1200	1200	1200	1200	1200	1200	1200	1200	1200
12 月	1200	1200	1200	1200	1200	1200	1200	1200	1200	1200
1 月	1200	1200	1200	1200	1200	1200	1200	1200	1200	1200
2 月	1200	1198	1197	1197	1198	1197	1197	1197	1197	1197
3 月	1200	1200	1200	1200	1200	1200	1200	1200	1200	1200
4 月	1180	1190	1180	1200	1180	1188	1189	1184	1180	1190
5 月	1160	1180	1180	1183	1184	1196	1195	1189	1180	1191
6 月	1169	1160	1155	1178	1169	1180	1190	1190	1163	1190
7 月	1190	1190	1190	1187	1178	1190	1190	1190	1190	1190
8 月	1200	1200	1200	1200	1200	1197	1183	1189	1194	1197
9 月	1200	1200	1200	1200	1200	1200	1200	1200	1200	1200
10 月	1200	1200	1200	1200	1200	1200	1200	1200	1200	1200

表 3 - 3 A 站水库不同典型年优化的梯级总蓄能值

（单位：亿千瓦时）

月份	丰水年					枯水年				
	1964	1953	1997	2004	1992	1971	1972	1982	1983	1993
11 月	100.6	100.6	100.6	100.6	100.6	100.6	99.10	100.6	99.10	100.6
12 月	96.05	93.05	90.11	100.6	87.21	90.11	85.78	90.11	85.78	99.10
1 月	82.97	80.20	73.49	88.65	72.18	73.49	68.32	73.49	67.06	90.11
2 月	53.90	61.13	50.22	71.98	50.69	54.75	51.34	54.75	46.93	73.29
3 月	37.97	48.34	35.06	60.91	35.06	38.96	36.99	39.96	29.51	60.91
4 月	11.43	19.48	12.96	28.62	12.19	18.78	17.51	22.44	9.18	50.60
5 月	0.83	5.58	8.44	10.11	9.69	16.94	12.02	30.52	5.58	55.62
6 月	45.62	0.83	0.00	5.03	2.79	42.44	37.73	45.07	13.35	66.24
7 月	66.24	66.24	66.24	48.31	38.61	66.24	66.24	66.24	66.24	66.24
8 月	100.6	73.49	74.81	88.65	100.6	99.03	92.51	95.16	97.49	99.03
9 月	97.57	77.48	100.6	100.6	94.55	100.6	100.6	100.6	100.6	100.6
10 月	100.6	100.6	100.6	100.6	100.6	100.6	100.6	100.6	100.6	100.6

　　将选取的典型丰水年、枯水年的蓄能过程线点汇在一个图表中，分别绘制其上、下外包线，其上外包线为上蓄能控制线，下外包线为下蓄能控制线。在调度过程中梯级的蓄能值不能超出上下蓄能控制线，若超出上蓄能控制线需加大梯级出力，若超出下蓄能控制线需减小出力。绘制梯级水库总蓄能调度图如图 3 - 4 所示。

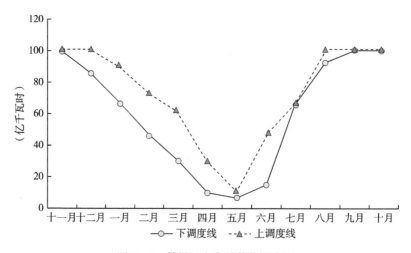

图 3 - 4 某梯级水库总蓄能调度图

分别将选取的典型丰水年、枯水年 A 站、D 站水库水位过程线点汇在一个图表中，分别绘制其上、下外包线，其上外包线为水位上控制线，下外包线为水位下控制线。在调度过程中 A 站水库的水位值不能超出上、下水位控制线（蓄放水控制线）。A 站水库蓄放水控制线如图 3-5 所示。D 站水库蓄放水控制线如图 3-6 所示。

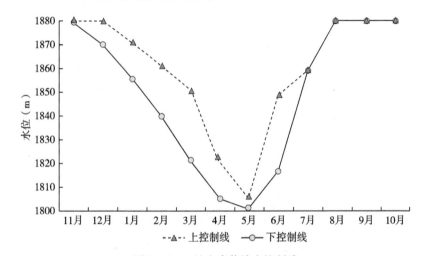

图 3-5 A 站水库蓄放水控制线

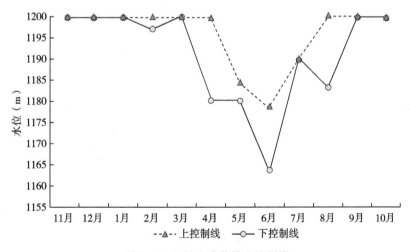

图 3-6 D 站水库蓄放水控制线

结合上述梯级水电站群总蓄能调度图及 A 站、D 站蓄放水控制线，可确定基于综合 K 系数法的梯级水库联合蓄水消落调度运用规则。

（1）通过比较梯级水电站天然总出力和保证出力之间的大小关系，判断天然出力是否充足，同时计算 A 站、D 站综合 K 系数。当天然出力有余时，由水库群蓄入多余水量，A 站、D 站水库综合 K 系数大的优先蓄水；天然出力不足时，由水电站群水库供水补足，A 站、D 站水库综合 K 系数小的优先供水。

（2）蓄放水时参考各水电站蓄放水控制线，即蓄水时段，当判别系数较大的水电站水库已蓄至上蓄放水控制线，则其蓄水优先权转移给判别系数较小但尚未蓄至上蓄放水控制线的水库。当各水电站水库均已蓄至上蓄放水控制线，则重新按照判别系数大小进行蓄水，直至各个水库蓄满为止。供水时同理。

（3）梯级水电站按保证出力运行后，若时段末系统蓄能高于上蓄能调度线，则加大出力；反之时段末系统蓄能低于下蓄能调度线，则降低出力。具体来说，加大出力运行方式为，将当前时段系统蓄能超出调度线的部分均匀分配到后续蓄放水时段。同样降低出力的运行方式可表现为，将当前时段欠缺调度线的部分均匀分配到后续蓄放水时段。

总体来说，A 站综合 K 系数一般较 D 站偏小，在满足电网用电需求的基础上，该梯级水电站各水库在汛期前联合预泄调度的一般规则为：从 A 站开始依次预泄，使得下游各水库尽可能维持在高水位发电运行。汛期末期梯级各电站需及时将水位回蓄至高水位，此时应从 E 站水库到 A 站水库逐级蓄水，即下游水库先蓄，上游水库后蓄，这样可以抬高下游水电站的发电水头，降低耗水率，增发不蓄电能。

3.1.2 水库蓄满率法

1. 计算原理

水库蓄满指蓄水结束时间之前蓄水量达到了相应的库容要求，则确定这一年水库能够蓄满。水库蓄满率计算公式为：

$$\gamma = \frac{n}{N} \times 100\% \tag{3-12}$$

式中，γ 为水库蓄满率；n 为水库蓄满的年份，N 为所有统计年份。

水库蓄满率法以汛末水库蓄满为保证目标，即在完成发电任务的同时，汛末水位达到正常蓄水位，此时的优化输入为初始水位、入库流量过程及负荷率。水电站水库群系统中，需考虑梯级电站间的水力联系，梯级蓄满率统计计算时，上游水库水电站的负荷率、初始水位等会对下游水库水电站的蓄满率造成很大的影响，因此需要将具有较好调节性能的水库作为单独相互影响的个体考虑，即有多少个调节性水库，就需单独优化多少次，最后统一评定是否蓄满。计算步骤如下。

步骤1：确定优化计算期，并确定计算期起始阶段各调节性水库水电站时段初水位、入库径流过程及发电出力过程。

步骤2：龙头水库水电站发电仿真计算。根据初水位，入库流量及负荷率，计算满足该负荷率条件下的时段末水位，若时段末水位拉低至时段最低水位还无法满足电站负荷率要求，则表示该水位负荷率组无法满足要求。此时记录最低水位为时段末水位，并作为下一计算时段的时段初水位。

步骤3：按步骤2计算方法从上至下依次计算系统中其余水库水电站的时段末水位及出库流量过程，注意此时的入库流量为紧邻的上游电站的出库流量加两站间的区间流量。

步骤4：后紧邻时段发电仿真过程。将步骤2和步骤3计算得到的前时段末水位作为该时段初水位，重复步骤2和步骤3计算过程，直到计算期末。若计算期末水位满足正常蓄水位要求，则记录该样本为蓄满样本。

步骤5：下一样本发电仿真计算。重复步骤步骤2～步骤4计算过程，遍历所有样本。蓄满样本数比总样本数即为该电站确定初始水位和负荷率组合条件下的蓄满率。

2. 算例

以某流域5级梯级电站为例，运用蓄满率法求解汛期两库水位控制策略。汛期集中在夏季6月至8月，入秋后的9月是A站和D站汛后蓄水的关键时期，水库运行方式直接关系着A站、D站水库汛末能否蓄满水库。根据A站水库、D站水库调度规则，9月底A站水库蓄至正常蓄水位 1880m，D 站水库蓄至正常蓄水位 1200m。现根据该水位控制规则，推算 A 站、D 站各负荷率组合情况下 6 月初、7 月初、8 月初和 9 月初两库不同水位组合条件下的长系列年份蓄满率，以求得到满意蓄满率下的汛期两库水位控制方案。

设置 A 站水库 6 月初水位为 1800m，1801m，1802m，…，1880m，共 81 种方案，D 站水库 6 月初水位为 1155m，1156m，1157m，…，1200m，共 46 种方案，共组合成 3726 种方案，根据水库蓄满率法计算步骤，计算得到不同负荷率组合下各方案两库蓄满率成果如表 3-4 所示。

表3-4 6 月初控制水位蓄满率计算表

负荷率		蓄满率变化		是否满足负荷率		控制水位（蓄满率）	
A 站	D 站	A 站	D 站	A 站	D 站	A 站	D 站
100%	100%	0.367 ~ 0.5	0.767 ~ 0.967	全不满足	部分满足	1858m (0.5)	1155 (0.833)
	90%		0.867 ~ 0.983		部分满足		1155 (0.9)
	80%		0.95 ~ 1		部分满足		1155 (1)
	70%		0.983 ~ 1		部分满足		1155 (1)
90%	100%	0.533 ~ 0.7	0.717 ~ 0.983	全不满足	部分满足	1800m (0.533)	1171 (0.733)
	90%		0.883 ~ 1		部分满足		1155 (0.883)
	80%		0.95 ~ 1		部分满足		1155 (0.95)
	70%		0.983 ~ 1		部分满足		1155 (0.983)
80%	100%	0.6 ~ 0.75	0.667 ~ 0.95	部分满足	部分满足	1800m (0.6)	1183 (0.75)
	90%		0.85 ~ 1		部分满足		1155 (0.85)
	80%		0.95 ~ 1		部分满足		1155 (0.95)
	70%		0.983 ~ 1		部分满足		1155 (0.983)
70%	100%	0.7 ~ 0.917	0.633 ~ 0.75	部分满足	部分满足	1800m (0.7)	1184 (0.7)
	90%		0.733 ~ 0.933		部分满足		1155 (0.733)
	80%		0.917 ~ 1		部分满足		1155 (0.917)
	70%		1		部分满足		1155 (1)

设置 A 站水库 7 至 9 月初水位为 1800m，1801m，1802m，…，1880m，共 81 种方案，D 站水库 6 月初水位为 1155m，1156m，1157m，…，

1200m，共46种方案，共组合成3726种方案，仍根据水库蓄满率法计算步骤，计算得到不同负荷率组合下各方案两库蓄满率成果如表3-5至表3-7所示。

表3-5 7月初控制水位蓄满率计算表

负荷率		蓄满率变化		是否满足负荷率		控制水位（蓄满率）	
A站	D站	A站	D站	A站	D站	A站	D站
100%	100%	0.367 ~ 0.567	0.767 ~ 0.967	全不满足	部分满足	1837m (0.5)	1155m (0.833)
	90%		0.867 ~ 0.983		部分满足		1155m (0.933)
	80%		0.95 ~ 1		部分满足		1155m (0.967)
	70%		0.967 ~ 1		全部满足		1155m (1)
90%	100%	0.533 ~ 0.7	0.717 ~ 0.983	全不满足	部分满足	1822m (0.6)	1163m (0.85)
	90%		0.883 ~ 1		部分满足		1168m (0.95)
	80%		0.95 ~ 1		部分满足		1155m (0.95)
	70%		0.967 ~ 1		全部满足		1155m (0.983)
80%	100%	0.6 ~ 0.75	0.667 ~ 0.95	部分满足	部分满足	1800m (0.6)	1169m (0.85)
	90%		0.85 ~ 1		部分满足		1167m (0.9)
	80%		0.95 ~ 1		部分满足		1155m (0.95)
	70%		0.967 ~ 1		全部满足		1155m (0.967)
70%	100%	0.7 ~ 0.917	0.633 ~ 0.783	部分满足	部分满足	1800m (0.7)	1170m (0.7)
	90%		0.733 ~ 0.933		部分满足		1174m (0.9)
	80%		0.917 ~ 1		部分满足		1155m (0.917)
	70%		0.967 ~ 1		部分满足		1155m (0.967)

表3-6 8月初控制水位蓄满率计算表

负荷率		负荷率变化		是否满足负荷率		控制水位（蓄满率）	
A站	D站	A站	D站	A站	D站	A站	D站
100%	100%	0.233 ~ 0.567	0.583 ~ 0.983	部分满足	部分满足	1845m (0.517)	1174m (0.9)
	90%		0.667 ~ 0.983		部分满足		1162m (0.9)
	80%		0.817 ~ 1		部分满足		1155m (0.95)
	70%		0.917 ~ 1		部分满足		1155m (0.983)

负荷率		负荷率变化		是否满足负荷率		控制水位（蓄满率）	
A站	D站	A站	D站	A站	D站	A站	D站
90%	100%	0.371~0.717	0.517~1	部分满足	部分满足	1833m（0.517）	1181m（0.917）
	90%		0.667~1		部分满足		1169m（0.9）
	80%		0.817~1		部分满足		1155m（0.9）
	70%		0.917~1		部分满足		1155m（0.967）
80%	100%	0.383~0.75	0.45~1	部分满足	部分满足	1844m（0.7）	1186m（0.9）
	90%		0.633~1		部分满足		1176m（0.917）
	80%		0.817~1		部分满足		1164m（0.917）
	70%		0.917~1		部分满足		1155m（0.967）
70%	100%	0.483~0.917	0.417~0.917	部分满足	部分满足	1837m（0.75）	1182m（0.7）
	90%		0.517~0.983		部分满足		1182m（0.9）
	80%		0.75~1		部分满足		1171m（0.917）
	70%		0.883~1		部分满足		1161（0.95）

表3-7　9月初控制水位蓄满率计算表

负荷率		负荷率变化		是否满足负荷率		控制水位	
A站	D站	A站	D站	A站	D站	A站	D站
100%	100%	0.033~0.75	0.417~1	全部满足	全部满足	1873m（0.7）	1177m（0.9）
	90%		0.483~1		全部满足		1170m（0.9）
	80%		0.6~1		全部满足		1167m（0.95）
	70%		0.65~1		全部满足		1170m（1）
90%	100%	0.033~0.85	0.417~1	全部满足	全部满足	1867m（0.7）	1182m（0.9）
	90%		0.483~1		全部满足		1179m（0.95）
	80%		0.6~1		全部满足		1183m（1）
	70%		0.65~1		全部满足		1176m（1）
80%	100%	0.05~0.933	0.4~1	全部满足	全部满足	1861m（0.7）	1186m（0.9）
	90%		0.467~1		全部满足		1181m（0.9）
	80%		0.6~1		全部满足		1178m（0.95）
	70%		0.65~1		全部满足		1181m（1）

续表

负荷率		负荷率变化		是否满足负荷率		控制水位	
A 站	D 站	A 站	D 站	A 站	D 站	A 站	D 站
70%	100%	0.15 ~ 0.983	0.3 ~ 0.95	全部满足	全部满足	1855m (0.7)	1190m (0.9)
	90%		0.367 ~ 0.967		全部满足		1185m (0.9)
	80%		0.55 ~ 1		全部满足		1182m (0.95)
	70%		0.6 ~ 1		全部满足		1185m (1)

3.2　资源利用率均衡方案研究

水电资源利用均衡的协调分配，涉及各方的经济利益，成为日益突出并亟待解决的问题。为此，政府电力管理部门、电力公司及其调度部门，应当根据电网变化情况，及时确定一些原则和政策协调措施，以利于电力系统尽量提高资源利用率；同时，在水能资源无法完全利用的情况下，还应编制水电站之间资源利用率均衡分配计算方法（方案），用以实现在保证电网安全运行的前提下，尽可能协调各方经济利益，以利于有关各方遵循。

为充分利用水能，首先要充分发挥现有火电机组的调峰能力，其次从电力系统管理方面来说，应该从价格上鼓励用户谷期用电，增加电力系统的负荷率和最小负荷率，这将十分有利于资源充分利用。

关于资源利用率均衡问题，本研究认为分配方案应遵循下述原则。

（1）服从并有利于电力系统的安全运行。

（2）应在保证执行电力系统与各水、火电站之间的购（发）电合同的基础上，合理平衡资源利用率，因为购（发）电合同是受法律保护的。

（3）各种形式的水电站，除非其运行方式经电力系统优化运行后能与电力系统负荷曲线要求相配合，不论其调节性能如何都应尽量保持资源利用率均衡。

（4）根据电力系统和地方政府为支持水电工程、农业、公益或公用事业的倾斜政策，给某一类或某一些水电站以政策性的优惠。

（5）对电力系统的安全稳定运行有重要作用，或者做出重大贡献的水电站，应给予适当的优惠。

（6）在平水—丰水过渡时段，水电站未达正常蓄水位（或防洪限制水位）以前，水电站可调电量可能大于电力系统按某种方法（方案）确定的购（发）电量。此时，该水电站应充分发挥其调蓄作用，适当提高资源利用率。

（7）资源利用率在各水电站间协调，应尽量做到公平、合理。协调分配计算方法（方案）应简单易行、便于操作，便于各方理解并接受。

关于资源利用率在各水电站间协调的计算方法（方案），概括起来，主要有下述四种方法（方案）。在这四种方法（方案）中，对各水电站购（发）的电量略有差别，因而各水电站的资源利用率，在四种方法（方案）中亦略有差别。

现对四种方法（方案）简述如下。

方法（方案）一。

按各水电站的可调电力（出力），等负荷率购（发）电量。

表述如下：

设参与调峰的各水电站的可调电力（出力）为 P_i，

可调电量为 E_i，

可供负荷率为 $\gamma_i = \dfrac{E_i}{P_i \times 24}$，

（此处暂用日负荷率，时间取为 24 小时，周负荷率则时间为 168 小时，月负荷率则时间为 720 小时 ~ 744 小时）

电力系统向各水电站购（发）的电力（出力）为 P_i'，

购（发）的电量为 E_i'，

购（发）的总电力（出力）为 $P_s = \Sigma P_i'$，

购（发）的总电量为 $E_s = \Sigma E_i'$，

购（发）的负荷率为 $\gamma_s = \dfrac{E_s}{P_s \times 24}$，

显然，按上述购（发）电方法（方案），电力系统向 i 水电站购（发）的电力（出力）为 $P_i' = P_i$，

向 i 水站购（发）的电量为 $E_i' = P_i' \times \gamma_s \times 24 = P_i \times \gamma_s \times 24$，

i 水电站的富余电量为 $\Delta E_i = E_i - E_i' = P_i \times (\gamma_i - \gamma_s) \times 24$，

此方案的特点是，从电力市场购（发）电的经济关系来看，对各水电站一律根据电力系统的需要（γ_s）购电，平等对待。比较公平合理，比较符合市场原则。

同时，各水电站通过一段时间的实践和经验积累，大体上可以预测工作日和休息日电力系统向水电站购电的负荷率为 γ_s 的大致数值范围，根据自身的水情预报（可调电量情况）估算或预测本站一日、一周，乃至一个月的富余电量。比较简单易行。

方法（方案）二。

按各电站的可调电量，等发弃比购（发）电量，多余电量为富余电量。

表述如下（各种符号定义同前）：

按此种购（发）电方法（方案），电力系统向 i 水电站购（发）的电力（出力）为 $P_i' = P_i$，

向 i 水电站购（发）的电量为 $E_i' = \dfrac{E_s}{\Sigma E_i} \times E_i = k E_i$，

i 水电站的富余电量为 $\Delta E_i = E_i - E_i' = (1 - k) E_i$，

（$k = \dfrac{E_s}{\Sigma E_i}$ 其物理含义是电力系统购（发）水电总量与水电总可调电量之比，电力系统按这个相同比例向各站购电）

此方案的特点是，电力系统向各站的购（发）电量不和系统购（发）电的负荷率挂钩，各站的购（发）负荷率亦不相同。k 值主要随电力系统购（发）电量以及各站来水（可调电量）的变化而变化，不易为单独的水电站所掌握。电站不易为本站富余电量做出预测。

方法（方案）三。

按各电站可调电力的比例乘以某一权数 λ_1，再按各电站可调电量

的比例乘以另一权数 λ_2，（$\lambda_1 + \lambda_2 = 1$）两者相加，用以确定向各站购（发）的电量。各站多余的电量即为其富余电量。

表述如下（各种符号定义同前）：

按此种购（发）电方法（方案），电力系统向 i 水电站购（发）的电力（出力）为 $P_i^{'} = P_i$，

向 i 水电站购（发）的电量为 $E_i = (\lambda_1 \dfrac{P_i}{\Sigma P_i} + \lambda_2 \dfrac{E_i}{\Sigma E_i}) \times E_s$，

i 水电站的富余电量为 $\Delta E_i = E_i - E_i^{'}$，

在此方案中，对各电站的购（发）电量由两部分组成。

前一部分 $\lambda_1 \dfrac{P_i}{\Sigma P_i} \times E_s = \lambda_1 \times P_s \times \gamma_s \times 24$ ，可以看作被等购负荷率（发）的部分或份额；

后一部分 $\lambda_2 \dfrac{E_i}{\Sigma E_i} \times E_s = \lambda_2 \times k \times E_i$ ，可以看作被等购（发）弃比的部分或份额；

当 $\lambda_1 = 1$　　$\lambda_2 = 0$ 时，即成为方法（方案）一；

当 $\lambda_1 = 0$　　$\lambda_2 = 1$ 时，即成为方法（方案）二；

由此，可以把此方法（方案）看作用权数对前述两个方案的综合。

此方案的特点是，对可调电力、可调电量两方面都有所照顾，对前述的两种方法（方案）各按权数采用其一部分。通常建议采用 $\lambda_1 = \lambda_2 = 0.5$，也可采用其他值，其用意是对两者的一种综合。

方法（方案）四。

以前一年枯水期（定为 12 月到来年 4 月）各电站对电网的贡献率来安排水库的弃水。

将研究范围内所有电站前一年枯水期 5 个月的实际总发电量统计出来，则第 i 个电站的贡献率为：

$$\eta_i = \frac{E_{i,枯}}{\sum\limits_{i=1}^{N} E_{i,枯}} \tag{3-13}$$

其中 η_i 为第 i 个电站枯期对电网的贡献率，$E_{i,枯}$ 为第 i 个电站在

计算时段前一年枯期实际的总发电量，N 为研究范围内水电站的个数。

由前述发电调度策略可得到全网丰水期各水电站的可发电量 $E_{i,发}$ 和水电的总可发电量，减去丰水期电力系统所需水电总量即得到丰水期富余电量 $E_{总,弃}$。

按前一年枯水期各电站的贡献率与本年度丰期弃水电量成反比的原则定各电站本年度的丰期弃水电量，第 i 个电站的富余电量为：

$$E_{i,弃} = E_{总,弃} \times (1 - \eta_i) \qquad (3-14)$$

电力系统向 i 电站购的电量 $E_i' = E_{i,发} - E_{i,弃}$。

鉴于有调节能力的电站（水库）对电网的贡献较大，但其目前的电价还没有到位，故对其给予了一定的照顾。

从实际运行过程分析，可以看出前三种方法（方案）的差别。在7、8 月份主汛期，当各主要水电站均已蓄至正常蓄水位（或防洪限制水位）时，各站的可调电量 E_i 大都等于或接近于 $P_i \times 24$，按等负荷率和等购（发）弃比以及第三方案算出的购（发）电量，完全或者基本一致。三种方法（方案）的主要差别在汛前平—丰过渡时段及汛后丰—平过渡时段。由平水向丰水过渡时段，调节性能较差的水电站，库容相对较小，比调节性能好的水电站将更早地达到正常蓄水位（或防洪限制水位），而调节性能好的水电站在未蓄至正常蓄水位（或限制水位）以前，可将多余的来水蓄在库中。因而，调节性能较差的水电站资源利用率低于调节性能较好的水电站。同样，在由丰水转入平水的过渡时段，调节性能差的水电站，其来水等于或接近于水轮机过水能力的时间，亦比调节性能较好的水电站长；资源利用率也应比调节性能较好的水电站差。上述三种协调分配方法（方案）中，按等负荷率购（发）电量的方法（方案），调节性能较好的水电站资源利用率高，能在一定程度上反映水电站调节性能的差别。

但前三种方案对调节性能较好电站对电网贡献的考虑都不如方案四来得直接，从其对于电网安全运行的重要作用方面考虑，建议在这四种方案中取第四种方案作为汛期资源利用的分配方案。

在水电比重较大且缺乏一定调节性能的电力系统，洪水季节为保证电网安全运行，水量无法完全利用是正常的。按照电网统一调度的原则，各水电站之间资源利用率的协调分配应在前述原则的基础上，由调度部门根据需要适时提出协调调度计划进行具体调度。

3.3　基于知识推理的水库电站协调调度规则

建立协调优化调度数学模型是解决水电站优化运行问题的一种有效途径，但这种方法需要以余留期水电站的入库流量过程作为模型的已知输入，但就目前中长期径流预测研究水平尚难做出精度较高的来水流量过程预测。然而，通过对水电站水库历史径流资料进行优化调度计算，得到长系列的水库最优运行过程，在这些最优过程中，包含了大量的水电站优化运行的规律性信息。因此，本研究提出采用调度函数的方法，总结水电站水库最优运行规律，以便更好地指导水电站的运行。

调度函数，也就是体现水库调度规则的数学表达，其主要作用是编制水库面临时段的协调调度方案。由于水库面临时段末水位与其当前库水位、面临时段来水量等因素有密切的关系，并且统计显示，这种关系可以看作一种函数关系，所以可以用多元函数的方法来拟合水库的协调调度函数，将协调调度函数的各自变量当前状态代入协调调度函数式，计算出输出决策，以此作为当前时段的协调调度决策依据。根据协调优化调度模型结构及其求解过程，协调调度函数中的决策变量可以是时段的平均下泄流量或出力，也可以是时段末的水库蓄水量或水位。大量的实践经验表明：从协调调度函数的有效性检验结果看，以时段末的水库蓄水量为决策变量较好；从协调调度决策的直观简单方便考虑，以时段平均下泄流量或出力为决策因子较好；当放水流量中含有综合用水量时，最好取时段平均下泄流量为决策变量。

协调调度函数的形式主要有协调线性调度函数和协调非线性调度函数，协调线性调度函数主要指通过回归分析建立一元、二元或多元水电站水库协调调度函数，而非线性协调调度函数则是通过门限回归、人工神经网络等非线性分析方法找出变量间函数关系，建立协调调度函数。本研究选用时段末水位为决策变量，以时段初水库水位和时段水库平均入库流量为自变量，采用二元线性回归和门限回归模型对电站协调调度函数进行了构造，并对符合构造协调调度函数条件的水库进行了模拟计算和分析。

3.3.1 知识推理技术

CBR 全称为 Case-Based Reasoning，即知识推理技术，也被称为案例推理或事例推理等。CBR 是根据目标情况的提示得到的历史记忆中的源案例，从而引导目标情况的求解，是一种重要的机器学习方法。它从认知科学的角度模仿人类的思维来解决复杂的问题，以记忆中的案例作为知识，知识的获取和表示自然直接，并且具有自学习功能。CBR 的出现主要是因为传统的以规则为基础的系统在知识获取方面存在"瓶颈"问题，对于处理过的问题不能记忆，对于异常事件的处理非常困难等，整体性能表现较为脆弱，推理效率低，而 CBR 恰能解决这些问题。

在 CBR 中，目前存在的问题或情况称为目标案例，记忆中的问题或情况称为源案例。通俗的解释知识推理技术就是：为了寻找新的解决方案，先从记忆库中找到类似的问题，从而根据找到的类似的问题在过去的解决方案，并使用该解决方案作为一个解决当前问题的起点，通过适当的修改获得解决当前问题的解决方案。

CBR 技术求解问题的过程可以用图 3-7 表示。

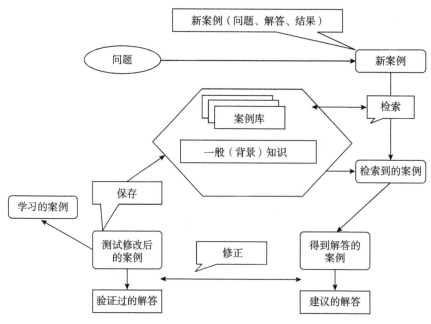

图 3-7 CBR 求解问题的过程

基于知识推理的系统对于每个新问题的处理采取以下步骤。

1. 从案例库中检索适当的案例

如果一个案例的解决方案可以成功地应用到新的情况下，那么这个案例是适当的。但 CBR 系统事先不知道，它们常用启发式搜索来选择与新情况相似的案例。无论是人类或人工智能系统都是基于一些共同的特点来确定相似性的。例如，在两个相似的水电站调度时段，对于相似的来水情况和水库水位情况，若某种调度方案在过去的那次调度过程中被证明是成功的，那么在这次遇到相似的情况就可以采用相同的调度方案，很可能也会取得成功。

2. 修改检索的案例使其适用于当前情况

一般情况下一个案例建议了一系列从初始状态到目标状态的操作。推理程序必须把保存的解变成适合于当前情况的操作。有时可以使用解析的方法，比如在决定水电站调度方案时，寻找到的相似的调度方案可能与当前水电站的约束条件有所冲突（如水位超出当前水库汛限水位），那么就应该对调度方案进行修改，使之在满足当前的约束条件下采取最接近源案例的解。

3. 应用转换后的案例

对解进行修改后，即可将其应用到目标案例中。这时我们已经得到应用于当前水电站调度情况的一个较优调度方案，可以把该方案应用于当前调度情况。

4. 保存新案例以供将来使用

对于成功的解，应该将其储存起来以备下次使用。在水电站调度过程中，更重要的是应该在调度结束后对该调度方案进行评价，对于已经过去的调度时段，可以通过确定性优化算法得出最优方案并保存在案例库中以供将来使用。

根据 CBR 的相关知识，结合梯级水电站中长期协调调度方案编制的流程，总结出基于 CBR 技术的梯级水电站中长期智能化协调调度方案编制流程，如图 3-8 所示。

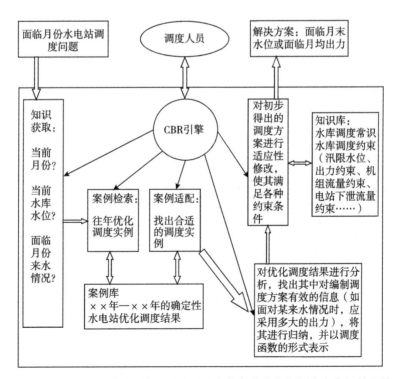

图 3-8 基于 CBR 技术的梯级水电站中长期智能化协调调度方案拟制流程

CBR 引擎部分主要由以下部分组成。

（1）优化调度案例库。是由流域上梯级水电站多年的长系列确定性优化调度计算结果组成的，里面融入了关于各梯级水电站优化调度的背景知识和结论知识，是案例推理过程的载体，是系统的核心之一，相当于一般专家系统的知识库和模型库的融合，体现了本领域内的原理性知识。

（2）知识库。用于存储水库调度常识、水库调度约束相关内容，是系统对初拟的梯级水电站调度方案进行适应性修改的信息存储库。

3.3.2 协调调度规则编制的理论与方法

1. 线性调度函数—多元线性回归模型

回归分析是研究变量间相关关系的一种数学方法，这种方法在工农业生产和科学研究中都有着十分广泛的应用，在水文学及水电优化调度中，回归分析也是极其重要的数学工具。多元线性回归方法是研究在线性相关条件下，两个或两个以上自变量对一个因变量的数量变化关系，表现这一数量关系的数学公式，称为多元线性回归模型。多元线性回归模型的求解原理如下。

设随机变量 Y 与 m 个自变量 x_1，x_2，$\cdots$，x_m 之间的总体线性回归模型为：

$$Y = \beta_0 + \beta_1 x_1 + \beta_2 x_2 + \cdots + \beta_m x_m + \varepsilon \qquad (3-15)$$

式中，β_0，β_1，β_2，$\cdots$，β_m 称为回归系数；ε 除表示 x_1，x_2，$\cdots$，x_m 以外其他因素对 Y 的影响，还包括 x_1，x_2，$\cdots$，x_m 对 Y 的非线性影响；$\beta_0 + \beta_1 x_1 + \beta_2 x_2 + \cdots + \beta_m x_m$ 仅表示 x_1，x_2，$\cdots$，x_m 对 Y 的线性影响程度。

将 $(x_1, x_2, \cdots, x_m)$ 的一组观测值 $(x_{1i}, x_{2i}, \cdots, x_{mi})$ 代入（3-15）式得：

$$Y_i = \beta_0 + \beta_1 x_{1i} + \beta_2 x_{2i} + \cdots + \beta_m x_{mi} + \varepsilon_i \qquad (3-16)$$

式中，随机误差是随机向量，其中的随机变量相互独立，且服从正

态分布 ε_i 是随机向量，其中的随机变量相互独立，且服从正态分布 N $(0，\sigma_\varepsilon^2)$。因此，因变量 Y 的条件期望可由下式表示：

$$E（Y_i）=\beta_0+\beta_1 x_{1i}+\beta_2 x_{2i}+\cdots+\beta_m x_{mi} \tag{3-17}$$

由于 i 的任意性，通常略去（3-17）式中的下标 i，并将 $E（Y_i）$ 写作 $\bar{y}_x$，于是（3-17）式成为：

$$\bar{y}_x=\beta_0+\beta_1 x_1+\beta_2 x_2+\cdots+\beta_m x_m \tag{3-18}$$

上式称为多元线性样本回归方程。

多元线性回归方程中回归系数的估计采用最小二乘法。由残差平方和：

$$SSE=\sum（y-\bar{y}）^2 \tag{3-19}$$

根据极小值原理，可知残差平方和 SSE 存在极小值，欲使 SSE 达到最小，SSE 对 β_0，β_1，β_2，$\cdots$，β_m 的偏导数必须等于零。将 SSE 对 β_0，β_1，β_2，$\cdots$，β_m 求偏导数，并令其等于零，整理后可得 $m+1$ 个标准方程组：

$$\frac{\partial SSE}{\partial \beta_0}=-2\sum（y-\bar{y}）=0$$

$$\frac{\partial SSE}{\partial \beta_i}=-2\sum（y-\bar{y}）x_i=0 \qquad i=1，2，\cdots，m \tag{3-20}$$

通过求解这一方程组，便可分别得到回归系数 β_0，β_1，β_2，$\cdots$，β_m 的估计值，从而求得多元回归方程。

在水电站调度函数的求解过程中，本研究选用二元线性回归模型，选取影响水电站水库决策的主要因素作为回归相关因子，回归相关因子包括面临时段初的水库水位 Z_t 和面临时段的入库径流 Q_t，以面临时段末水位 Z_{t+1} 为决策变量，建立水库调度函数二元线性回归模型，即：

$$Z_{t+1}=aZ_t+bQ_t+c \tag{3-21}$$

其中 a、b、c 为回归系数。

调度函数的形式确定后，余下的工作就是如何从确定性优化计算结果数据中，求出回归系数 a、b、c。

通过水电长期优化调度数学模型方法对水库历史径流资料进行优化计算，可以得出长系列（n 组系列）的水库最优运行过程，在这 n 组水库最优运行过程系列中，第 t 时段回归观测值为 $(Z_{t+1}^{(1)}, Z_t^{(1)}, Q_t^{(1)})$，$(Z_{t+1}^{(2)}, Z_t^{(2)}, Q_t^{(2)})$，…，$(Z_{t+1}^{(n)}, Z_t^{(n)}, Q_t^{(n)})$，当 $n > 3$ 时，一般来说，不存在常数 a、b、c，使 $Z_{t+1}^{(j)} = aZ_t^{(j)} + bQ_t^{(j)} + c$ $(j = 1, 2, 3, …, n)$ 都严格成立。对一组常数 a、b、c 称回归方程的残差为 $Z_{t+1}^{(j)} - (aZ_t^{(j)} + bQ_t^{(j)} + c)$，而残差绝对值的大小反映函数对历史资料拟合的好坏，一般希望残差平方和尽量小，即求 a、b、c 使：

$$\min_{a,b,c} \sum_{j=1}^{n} \left[Z_{t+1}^{(j)} - (aZ_t^{(j)} + bQ_t^{(j)} + c) \right]^2 \qquad (3-22)$$

由线性回归方法，如果引入观测矩阵和向量：

$$Y = \begin{bmatrix} Z_{t+1}^{(1)} \\ Z_{t+1}^{(2)} \\ \vdots \\ Z_{t+1}^{(n)} \end{bmatrix}, \quad X = \begin{bmatrix} Z_t^{(1)} & Q_t^{(1)} & 1 \\ Z_t^{(2)} & Q_t^{(2)} & 1 \\ \vdots & \vdots & \vdots \\ Z_t^{(n)} & Q_t^{(n)} & 1 \end{bmatrix}, \quad \beta = \begin{bmatrix} a \\ b \\ c \end{bmatrix}$$

此时，二元线性样本回归方程可写为：

$$Y = X\beta \qquad (3-23)$$

回归系数的最优解可写为：

$$\beta = (X^T X)^{-1} X^T Y \qquad (3-24)$$

2. 非线性调度函数—门限回归模型

线性回归作为一个较为有效的数学工具应用范围广泛，然而水库优化调度中，各调度因子之间往往并不是简单的线性相关关系，应用线性回归方法进行水库调度函数的全局线性建模在某些调度时段常会出现较大误差。为此，汤家豪（H. Tong）提出了用来解决一类非线性问题的门限回归模型（Threshold Regressive Model，TR 模型）。其思路是，把状态空间分割成几个子空间，每个子空间上使用线性逼近。也就是说，将传统的全局线性逼近分成几段进行线性回归逼近，分割由"门限"（threshold）变量来控制。将这些线性回归模型组合起来就可以描述研究对象的非线性变化特性。

假设随机变量 Y 与 m 个自变量 x_1，x_2，$\cdots$，x_m 之间存在非线性相关关系，若其中有某个特殊自变量 x_i，当其值低于某个水平时，Y 与 m 个自变量 x_1，x_2，$\cdots$，x_m 之间是一种线性的相关关系；当 x_i 高于某个水平时，Y 与 m 个自变量 x_1，x_2，$\cdots$，x_m 之间又是另一种线性相关关系。此时，运用门限回归的方法分段建立线性回归方程，分段在不同区间采用线性回归模型，这些线性回归模型的总和完成了对 Y 与 m 个自变量 x_1，x_2，$\cdots$，x_m 之间的整个非线性动态系统的描述。模型中的 x_i 则称为门限变量，导致 Y 与 x_1，x_2，$\cdots$，x_m 相关关系发生改变的 x_i 值称为门限值。

门限回归模型的一般数学表示形式为：

$$Y = \begin{cases} \varphi_0^{(1)} + \varphi_1^{(1)} x_1 + \varphi_2^{(1)} x_2 + \cdots + \varphi_m^{(1)} x_m & x_i \leqslant r_1 \\ \varphi_0^{(2)} + \varphi_1^{(2)} x_1 + \varphi_2^{(2)} x_2 + \cdots + \varphi_m^{(2)} x_m & r_1 < x_i \leqslant r_2 \\ \quad\quad\quad\quad\quad \vdots \\ \varphi_0^{(L)} + \varphi_1^{(L)} x_1 + \varphi_2^{(L)} x_2 + \cdots + \varphi_m^{(L)} x_m & r_{L-1} < x_i \end{cases} \quad (3-25)$$

式中，r_1，r_2，$\cdots$，r_{L-1} 为门限值；L 为门限区间数；$\varphi_0^{(j)}$，$\varphi_1^{(j)}$，$\cdots$，$\varphi_m^{(j)}$ 为第 j 区间的回归系数。从式（3-25）可以看出，门限回归模型与多元线性回归模型的区别关键在于将随机变量 Y 按 x_i 值的大小分配到了不同的门限区间，而对各区间内的 y 值采用不同的多元线性回归模型来描述。因此，门限回归模型实质上就是分区间的多元线性回归模型，就是用这些多元线性回归模型来描述非线性系统。

门限回归模型是一种非线性模型，但它又基于对线性系统状态取值逐段线性化处理，可以说门限回归模型是分区间的多元线性回归模型。因此，在建模中，只需沿用一般多元线性回归模型的参数估计方法和模型检验准则，并不存在实质性的困难。目前，应用较多的是模型参数估计的最小二乘法准则。与多元线性回归建模有所不同的是，建立门限回归模型的关键不在于参数估计和模型检验，而在于确定门限区间个数 L，门限值 r_1，r_2，…，r_{L-1}。从理论上讲，这是一个对 L，r_1，r_2，…，r_{L-1} 的多维寻优问题。上述寻优工作量相当大，它是多维空间中超曲面的极小点的寻找。为减少工作量，近来出现一些改进办法，如局部区间搜索法，其目的是缩小寻优区间。

为了减少寻优工作量，门限区间数 L 的选取可以结合研究对象的物理成因和一般变化规律考虑，从而使取值范围得到有效的缩小，譬如结合研究对象 L 取 2、3、4 等。门限值可按研究对象在变幅范围内取值的经验频率分布来确定。一般要求在各区间内样本的资料数据大致相当，以便可靠地估计模型参数。为此，先均匀划分经验频率，然后根据经验频率在频率分布曲线上找出相应的门限值。所以，关键的一点是确定门限值所对应的频率。如 $L=2$ 时，门限值对应的频率可取 0.5；$L=3$，门限值对应的频率可取 0.33 和 0.67。上述结合实际问题初选门限参数的考虑，使寻优的工作量大大降低。

综上所述，门限回归建模过程为：首先固定一组 L，r_j（$j=1$，2，…，$L-1$），由最小二乘法准则分别确定各区间多元线性回归模型，从而得到相应的门限回归模型；然后分别改变 L，r_j（$j=1$，2，…，$L-1$）。同样，建立分区间多元线性回归模型以得到门限回归模型。比较各种情况下 L，r_j（$j=1$，2，…，$L-1$）的残差平方和，其中残差平方和最小对应的模型即为所求。

采用门限回归模型建立水电站调度函数的过程中，本研究以总能量为门限变量，总能量的计算方法为：

$$E_总(t) = E_{蓄能}(t) + E_入(t) = E_{蓄能}(t) + Q_入(t)/\eta(t)*k$$

$$(3-26)$$

式中，$E_总(t)$ 为 t 时段总能量；$E_{蓄能}(t)$ 为 t 时段蓄能，可由水位蓄能曲线求出；$E_入(t)$ 为 t 时段入能，即入库流量所具有的能量；$Q_入(t)$ 为 t 时段预测的入库流量；$\eta(t)$ 为平均耗水率，由平均水位

$\bar{Z}$ 在水位~耗水率曲线上查得，$\bar{Z} = (Z_{初,t} + Z_{dead})/2$，$Z_{初,t}$ 为 t 时段初水库水位，Z_{dead} 为该水库的死水位；k 为换算系数。

门限区间数和门限值的确定采用简化处理：先将各序列的门限变量从大到小排序，并将其他自变量和因变量的顺序随门限变量相应重新排列，得到新的序列。再将排序后的序列平均分为两段，即先假定门限区间数为 2，在两个区间里分别进行二元回归，求得最优系数，并算出此时的门限回归求出的旬末水位与长序列优化计算得到的相应旬末水位的误差，将门限区间数 L 在 2—6 循环，按照上述方法求出各自的误差，选出所有年误差和最小的门限区间数作为最优门限区间数。门限区间数确定后，将各区间的端点值取为门限值。这样便可以定出门限回归模型的形式，如式（3-26）所示。当给出自变量的资料后，首先根据门限变量和门限值判定其属于哪一段，然后将自变量代入即可算出因变量。

3.3.3　协调调度规则检验与评价

1. 回检操作仿真

协调调度函数只是最优调度函数近似，有时会出现一些明显不合理的现象。实时决策时，还应遵循如下原则。

（1）协调调度函数相关因子应不超出回归历史资料的取值范围。

协调调度函数只在一定的范围内是最优调度函数的较好近似，超出这一范围，可能相差很大。一般来说，状态变量时段初水库水位 Z_t 和入库流量 Q_t 应不超出长系列的取值范围。设 Z_{tmin}，Z_{tmax} 分别为长系列计算时，每年第 t 时段初水位的最小值和最大值。如果实际运行时第 t 时段初水库水位 Z_t 在此范围内，即 $Z_{tmin} \leqslant Z_t \leqslant Z_{tmax}$，则决策时，水位可取为实际水库水位 Z_t，若超出这一范围，如果还用实际水位 Z_t，所做的决策就往往效果较差。可按如下方法来处理：若 $Z_t < Z_{tmin}$ 可在调度函数中取 $Z_t = Z_{tmin}$，若 $Z_t > Z_{tmax}$ 可在调度函数中取 $Z_t = Z_{tmax}$。用同样的方法，可对协调调度函数中的 Q_t 进行类似处理。

（2）协调调度函数决策结果应满足水电站自身约束。

当协调调度函数计算的决策结果与水电站自身约束发生冲突时，应该优先满足电站自身约束。例如，由协调调度函数确定的时段发电过程不满足水库水位限制、下泄流量或预想出力约束时，应对决策进行调整，使其落入满足电站自身约束的可行域内。

（3）对协调调度结果不符合实际的现象需要进行修正。

由于协调调度函数方法是通过一定的数学方法从水库长系列的运行结果中总结归纳出调度规律，应用协调调度函数指导水库运行时，可能会出现调度结果不符合实际的现象。例如，如第 t 时段的平均出力 N_t 大于电站装机容量，或者在水库尚未蓄满时，决策得出的电站泄流量中存在弃水等。在这种情况下，则需要对协调调度函数的计算结果进行修正。

2. 结果评价准则

（1）协调调度函数模拟结果在汛末水库是否蓄满。

（2）协调调度函数模拟结果是否在供水期全部满足保证出力限制且供水期末消落到死水位。

（3）年总发电量对比。协调调度函数计算的年总发电量与优化计算的年总发电量须在一定的误差范围内。

（4）对最优调度轨迹的拟合程度。这里采用平均相对误差 e 表示：

$$e = \frac{|Z_{i,拟} - Z_{i,优}|}{Z_蓄 - Z_死} \times 100\% \qquad (3-27)$$

式中，$Z_{i,拟}$ 为 i 时段拟合的末水位（调度函数给出）；$Z_{i,优}$ 为 i 时段最优末水位（动态规划方法给出）；$Z_蓄$ 为该水库的正常蓄水位；$Z_死$ 为该水库的死水位。

用以上四个指标将协调调度函数的计算结果与优化算法的计算结果进行对比，以分析其合理性。

典型电站协调调度函数的实例计算选取 D 站作为典型水电站进行计算，过程如下。

采用动态规划算法对 D 站实测径流资料进行了确定来水的水库优

化调度计算，以时段末水位为因变量，以时段初水库水位和预测的时段入库径流量为自变量，采用二元线性回归和门限回归相结合的方法计算了考虑 A 站影响的 D 站调度函数，其中，5 月上旬、6 月各旬、7 月上旬用门限回归计算，其余各旬用二元线性回归计算。表 3-8 给出了以时段末水位为决策变量，用二元线性回归计算出的各时段的调度函数系数。

表 3-8　线性回归计算的 D 站调度函数系数表

系数	旬段					
	7 月中旬	7 月下旬	8 月上旬	8 月中旬	8 月下旬	9 月上旬
a	0.09459	0.726976	0.61953	0.514131	0.078347	9.18868
b	9.84E-05	-9.4E-06	7.4E-06	-9.6E-07	-9.8E-08	2.19E-05
c	1083.484	326.879	455.4156	581.5935	1103.219	-9798.94

系数	旬段					
	9 月中旬	9 月下旬	10 月上旬	10 月中旬	10 月下旬	11 月上旬
a	0.804821	-9.8E-06	0	0	0	-2.6E-05
b	-1.8E-05	8.3E-09	-5.2E-09	-4.7E-09	8.36E-05	2.6E-08
c	234.2799	1200.012	1200	1200	1199.756	1200.031

系数	旬段					
	11 月中旬	11 月下旬	12 月上旬	12 月中旬	12 月下旬	1 月上旬
a	0	2.318393	1.263794	0.879802	0.927367	0.956744
b	9.08E-05	0.000953	-0.0008	0.001804	0.002009	0.000629
c	1199.887	-1583.2	-316.844	141.3294	83.88548	49.62445

系数	旬段					
	1 月中旬	1 月下旬	2 月上旬	2 月中旬	2 月下旬	3 月上旬
a	0.991388	1.051125	0.956593	1.043235	1.033055	1.079066
b	0.00064	0.000439	0.000974	0.000118	0.000262	0.000426
c	8.067033	-63.3509	48.89461	-53.6484	-41.1927	-96.32

系数	旬段					
	3 月中旬	3 月下旬	4 月上旬	4 月中旬	4 月下旬	5 月中旬
a	1.177071	1.253939	0.854986	1.024367	1.180333	0
b	0.000109	-0.00042	0.003421	0.004457	0.006724	0
c	-211.984	-302.458	164.7858	-35.4825	-220.156	1155

续表

系数	旬段				
	5月下旬				
a	0				
b	-0.00264				
c	1161.007				

现根据某代表年径流资料模拟计算，按照原则对调度函数计算结果中不合理的地方进行修正，并将调度函数算出的水能参数与优化计算得出的水能参数进行对比，结果如表3-9所示。

表3-9　调度函数计算结果与优化计算结果对比表

（水位：米；电量：亿千瓦时）

旬段	5月下旬	6月上旬	6月中旬	6月下旬	7月上旬	7月中旬
优化计算的末水位	1160	1163.1	1170.1	1179.8	1190	1197
调度函数计算的末水位	1158	1162.4	1171.6	1181.3	1190.7	1196.3
优化计算的电量	2.736518	2.849112	4.5552	4.570872	4.546032	5.531904
调度函数计算的电量	3.03	2.61	4.02	4.54	4.79	6.09
旬段	7月下旬	8月上旬	8月中旬	8月下旬	9月上旬	9月中旬
优化计算的末水位	1197	1197	1197	1197	1200	1200
调度函数计算的末水位	1196.6	1196.7	1196.9	1197	1199.9	1199.9
优化计算的电量	8.712	7.92	7.92	8.712	7.92	7.92
调度函数计算的电量	8.71	7.92	7.92	8.71	7.92	7.92
旬段	9月下旬	10月上旬	10月中旬	10月下旬	11月上旬	11月中旬
优化计算的末水位	1200	1200	1200	1199.4	1200	1200
调度函数计算的末水位	1200	1200	1200	1199.9	1200	1200
优化计算的电量	7.92	7.92	7.92	5.019511	4.470984	3.908592
调度函数计算的电量	7.92	7.92	7.92	4.84	4.65	3.92
旬段	11月下旬	12月上旬	12月中旬	12月下旬	1月上旬	1月中旬
优化计算的末水位	1200	1199.1	1197.6	1195.9	1194.2	1192.2
调度函数计算的末水位	1199.7	1198.7	1197.5	1196.1	1194.5	1192.8
优化计算的电量	3.458136	3.421272	3.884928	4.276721	3.881112	3.889536
调度函数计算的电量	3.59	3.49	3.76	4.14	3.81	3.81

续表

旬段	1月下旬	2月上旬	3月中旬	2月下旬	3月上旬	3月中旬
优化计算的末水位	1190	1188.1	1186	1184.3	1182.1	1179.7
调度函数计算的末水位	1190.8	1188.9	1186.7	1185	1182.7	1180.3
优化计算的电量	4.273474	3.89316	3.898968	3.130733	3.893376	3.907176
调度函数计算的电量	4.21	3.91	3.93	3.15	3.93	3.96
旬段	3月下旬	4月上旬	4月中旬	4月下旬	5月上旬	5月中旬
优化计算的末水位	1176.7	1173.3	1169.7	1165.6	1161	1155
调度函数计算的末水位	1177.2	1174.3	1171.4	1168.6	1163.6	1155
优化计算的电量	4.302382	3.9186	3.931152	3.908448	3.924888	4.2774
调度函数计算的电量	4.36	3.79	3.77	3.69	4.11	4.94

由上表可以看出，调度函数计算出的水位在汛期能够达到正常蓄水位，且其计算出的出力在枯期均能满足保证出力限制。按照调度函数算出的水位与优化方法算得水位之间的相对误差可得：全年36旬水位的平均相对误差为1.45%，且最大相对误差为6.7%。用动态规划计算的D站该年总电量为181.1242亿千瓦时，而调度函数计算的该年总电量为181.7亿千瓦时，二者仅相差0.57亿千瓦时，为优化计算电量的0.3%。因优化计算考虑了最大化最小出力这个约束，而调度函数仅是对最优轨迹的拟合，所以调度函数的计算结果大于此时优化计算的结果是可以解释的，且两者相差较小，在合理的范围内，可供实际调度参考，为实际调度提供决策支持。

D站作为典型电站门限调度函数数学表达式如下。

6月上旬：

$$Z_{t+1} = \begin{cases} 0.4209Z_t + 0.00167Q_t + 673 & \text{总能量} \geq 27317.9 \\ -0.504Z_t + 0.001434Q_t + 1744.771 & \text{总能量} < 27317.9 \end{cases}$$

6月中旬：

$$Z_{t+1} = \begin{cases} 0.50664Z_t + 0.00897Q_t + 565.15 & \text{总能量} \geq 67517.8 \\ 1.6577Z_t + 0.006655Q_t - 764.773 & 39273.4 \leq \text{总能量} < 67517.8 \\ 0.53878Z_t + 0.0067Q_t + 532.18 & \text{总能量} < 39273.4 \end{cases}$$

6 月下旬：

$$Z_{t+1} = \begin{cases} 0.72145Z_t - 0.00344Q_t + 347.1856 & \text{总能量} \geqslant 104710 \\ 0.48462Z_t + 0.00046Q_t + 612.5 & 63635.9 \leqslant \text{总能量} < 104710 \\ 1.13476Z_t + 0.011Q_t - 160.454 & \text{总能量} < 63635.9 \end{cases}$$

7 月上旬：

$$Z_{t+1} = \begin{cases} 0.35Z_t + 0.00025Q_t + 779.7824 & \text{总能量} \geqslant 142562.7 \\ -0.2959Z_t + 5.15597E - 05Q_t + 1540.178 & 112253.6 \leqslant \text{总能量} < 142562.7 \\ 0.681Z_t + 0.00556Q_t + 380.4118 & \text{总能量} < 112253.6 \end{cases}$$

5 月上旬：

$$Z_{t+1} = \begin{cases} 1.2675Z_t + 0.00762Q_t - 323.131 & \text{总能量} \geqslant 52308.9 \\ 0.791573Z_t + 0.0017Q_t + 237 & \text{总能量} < 52308.9 \end{cases}$$

第4章

水风光多能互补调度技术

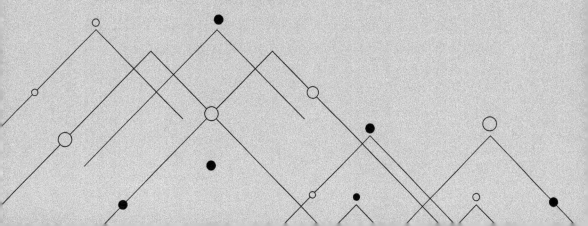

4.1　水风光多能互补协调调度研究架构

党的十九大报告指出，"我国社会主要矛盾已经转化为人民日益增长的美好生活需要和不平衡不充分的发展之间的矛盾""必须树立和践行绿水青山就是金山银山的理念"。在能源领域，就体现为对水风光清洁能源发展的重视。但由于风电、光伏发电过度依赖不可控的风速、太阳辐照度等气象环境因素，导致二者的发电出力波动性强、突变频繁，其大量并网对电网的安全稳定运行造成较大威胁。为了促进风、光电源的消纳，需要灵活性高的电源与之互补，平抑其波动，使总体发电曲线更为可控，能够被电网接受。水电是清洁可再生的能源，而且水轮机组具有反应灵敏、能够快速适应负荷变化的优势，从而成为一种风电、光伏发电重要的互补电源。因此，研究水风光清洁能源的互补协调调度方法及梯级水电在水风光互补运行过程中的调度策略对于促进风电、光伏发电的发展，对于促进清洁能源的消纳具有重要意义。

由于水风光发电出力的资源特性在不同时间尺度表现不同，水风光多能互补协调调度策略在不同时间尺度也有所差异。因此，水风光多能互补协调调度研究可分为中长期多能互补协调调度策略和短期多能互补协调调度策略，通过构建中长期和短期的互补协调调度模型，进行案例仿真计算，分析互补协调调度的效果，并总结互补运行过程中梯级水电的调度策略。水风光多能互补协调调度研究架构如图4-1所示。

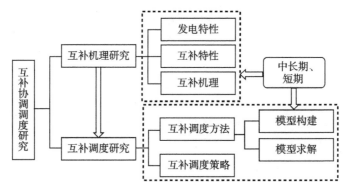

图 4-1　水风光多能互补协调调度研究架构

4.2　中长期多能互补协调调度策略

4.2.1　互补协调调度模型

中长期调度模型研究的周期较长，周期可以是多年、年等。中长期侧重资源互补，根据水电和风、光资源互补性，风、光"丰小枯大"特性，风电和光电昼夜互补性，实现资源互补。

1. 目标函数

（1）目标 I：水风光年发电量最大。

$$E = Max\left(\sum_{i=1}^{n_j} \sum_{t=1}^{T} \sum_{j=w,s,h} N_{j,it} \times m_t \right) \tag{4-1}$$

$$N_{h,it} = \frac{Q_{h,it} \times k}{\delta_{h,i}} \tag{4-2}$$

式中，i 为电站变量；$j=w$，s，h 分别代表风电场、光伏电站、水电站；n_j 为第 j 类电站总个数；t 为时段变量；T 为年内计算总时段数（以旬为计算时段，$T=36$）；E 为风光水年发电量（kWh）；$N_{j,it}$ 为第 j 类电站第 i 个电站第 t 时段的发电出力（kW）；$Q_{h,it}$ 为第 i 个水电站第 t 时段的发电流量（m^3/s）；$\delta_{h,i}$ 为第 i 个水电站耗水率，其大小随水库水位的变化而变化（m^3/kWh）；k 为换算系数，若电量单位为 kWh，则 $k=3600$；m_t 为年内第 t 时段的小时数。

（2）目标Ⅱ：水风光年内出力最小时段的出力尽可能大，即最大化最小出力。

$$NP = MaxMin \sum_{i=1}^{n_j} \sum_{j=w,s,h} N_{j,it} \qquad (4-3)$$

式中，NP 为风光水最大化的最小出力（kW）；其他符号意义同前。

2. 约束条件

（1）水量平衡约束。

$$V_{i,t+\Delta t} = V_{i,t} + (R_{i,t} - Q_{ri,t}) \times \Delta t \qquad (4-4)$$

$$Q_{ri,t} = Q_{h,it} + S_{i,t} \qquad (4-5)$$

式中，$V_{i,t}$、$V_{i,t+1}$ 分别为第 i 个水电站第 t 时段初、末水库蓄水量（m³）；$R_{i,t}$ 为第 i 个水电站第 t 时段入库流量（m³/s）；$Q_{ri,t}$ 为第 i 个水电站第 t 时段的下泄流量（m³/s）；$S_{i,t}$ 为第 i 个水电站第 t 时段弃水流量（m³/s）；Δt 为计算时段长度（s）；其他参数意义同上。

（2）水库蓄水位约束。

$$Z_{i,t}^{min} \leqslant Z_{i,t} \leqslant Z_{i,t}^{max} \qquad (4-6)$$

式中，$Z_{i,t}$ 为第 i 个水库第 t 时刻的蓄水位（m）；$Z_{i,t}^{min}$、$Z_{i,t}^{max}$ 分别为第 i 个水库第 t 时刻的允许的最低、最高蓄水位（m）；最高水位通常是基于水库安全方面考虑的，如汛期防洪限制等（m）。

（3）水库下泄流量约束。

$$Q_{ri,t}^{min} \leqslant Q_{ri,t} \leqslant Q_{ri,t}^{max} \qquad (4-7)$$

式中，$Q_{ri,t}^{min}$、$Q_{ri,t}^{max}$ 分别为第 i 个水电站第 t 时段应保证的最小下泄流量和允许的最大下泄流量（m³/s）；其他参数意义同上。

（4）水电站间水量联系约束。

$$R_{i,t} = Q_{ri-1,t-\Delta T_{i-1}} + I_{i,t} \qquad (4-8)$$

式中，$Q_{ri-1,t-\Delta T_{i-1}}$ 为第 $i-1$ 个水电站（第 i 个水电站的上游电站）$t-\Delta T_{i-1}$ 时刻的下泄流量（m³/s）；ΔT_{i-1} 为第 $i-1$ 个水库到第 i 个水库

的水流滞时对应的时段数；$I_{i,t}$ 为第 i 时刻第 $i-1$ 个水电站到第 i 个水电站的区间平均入流（m^3/s）。

（5）电站出力约束。

$$N_{j,it}^{min} \leqslant N_{j,it} \leqslant N_{j,it}^{max} \qquad j = w, \ s, \ h \qquad (4-9)$$

式中，$N_{j,it}^{min}$、$N_{j,it}^{max}$ 分别为第 j 类电站第 i 个电站第 t 时段的允许最小、最大出力（kW）；其他参数意义同上。

（6）非负条件约束。

上述所有变量均为非负变量（$\geqslant 0$）。

4.2.2　模型求解算法

本节选用梯级水电站优化调度问题求解较常用的逐步优化算法（POA 算法）进行中长期互补调度模型求解。

1. 算法原理

POA 算法是 1975 年由加拿大学者 H. R. Howson 和 N. G. F. Sancho 提出的，用于求解多状态的动态规划问题，POA 算法按照贝尔曼最优化的思想，深入阐述了逐步最优化的原理。即"在最优路线中，每一对决策集合相对于其起始轨迹值与终止值都是最优的"。

POA 算法是将多阶段的问题分解为多个子问题（两阶段问题），子问题之间用状态变量来联系。解决两阶段问题只是对所选的两阶段的决策变量进行搜索寻优，同时固定其他阶段的变量；在解决完该阶段问题之后，再去考虑下一个两阶段，将优化上一次的结果作为下一次优化过程的初始可行解，进行寻优，就这样不断循环，直至收敛为止。逐步优化算法原理如图 4-2 所示。

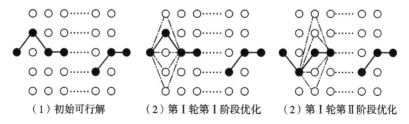

（1）初始可行解　　　（2）第Ⅰ轮第Ⅰ阶段优化　　　（2）第Ⅰ轮第Ⅱ阶段优化

图 4-2　逐步优化算法原理示意图

2. 初始可行解的求解方法

POA 算法必需一条初始调度线，初始调度线的好坏对 POA 的迭代次数有一定影响。初始可行解的选取不好可能会导致迭代过程过早收敛于局部优化解的情况，而好的初始决策过程可以加快迭代收敛速度。初始调度线可采用以下方法求得。

（1）优化法。进行单库调度优化分析而后将其最优运行状态轨迹作为水库群系统的初始调度线。

（2）等流量法。计算每年汛期和供水期的平均流量，以平均流量运行，即可得水位过程线。

（3）等出力法。通过试算，蓄水期和供水期分别等出力运行。

（4）等库容法。根据水库控制水位，按照等库容运行。

3. 求解步骤

以水风光互补调度模型求解为例，将调度期离散为 T 个时段，梯级电站总数为 N，电站序号为 i（$0 < p < N$），则逐步优化算法求解的步骤主要如下。

步骤 1：初始化逐步优化算法的参数，包括搜索步长、优化终止精度。

步骤 2：确定初始轨迹。采用逐步优化算法来求解多阶段、多约束优化问题时，初始轨迹的选取至关重要，好的初始轨迹可以加快迭代收敛速度，不好的初始轨迹容易导致迭代过早收敛于局部最优解。

步骤 3：依照电站从上至下的顺序，固定 p 电站的第 0 时刻和第 2 时刻的水位 $Z_{p,0}$ 和 $Z_{p,2}$ 不变，调整第 1 时刻的水位 $Z_{p,1}$（分别取原水位减 1 步长、原水位和原水位加 1 步长三个方案），那么梯级水电站水位变化方案有 3^N 种，N 为梯级水电站级数。计算各方案的第 0 和 1 两时段的目标函数，选择目标函数最优的方案作为梯级各水电站在第 1 时段的新水位，进入步骤 4。

步骤 4：同理，依次对梯级水电站下一时刻进行寻优计算。固定第 1 时刻和第 3 时刻的水位 $Z_{p,1}$ 和 $Z_{p,3}$ 不变，调整第 2 时刻的水位 $Z_{p,2}$，使第 1 和 2 两时段的目标函数最优，优化计算得各水电站第 2 时刻的水

位 $Z_{p,2}$。

步骤5：重复步骤4，直到遍历所有时刻为止，完成一次循环，得到梯级各水电站在各计算时段末的新水位。

步骤6：判断是否满足终止条件，如不满足，则将本次求得的梯级水电站水位过程线作为下一次计算的初始轨迹，重新回到步骤3；否则退出循环，最后一次循环得到新水位即为梯级水电站的互补调度方案。POA 算法求解梯级水电与光伏互补调度问题的主要流程如图4-3 所示。

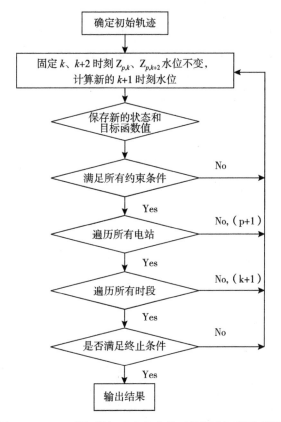

图4-3　POA 求解梯级水电与光伏互补调度问题流程图

4. 算法终止条件

实际应用中，可根据具体情况设置终止条件，常见的终止条件设定方法有以下几个。

（1）给定最大迭代次数。此方法最简单，容易实现，但是最大次数设定不合理时不能保证搜寻到的解为全局最优值。

（2）给定误差精度。此方法适用于已知最优解取值范围的情况，然而，实际应用中绝大多数情况下事先不确定最优解的取值范围，因而难以设定误差精度。

（3）设定极值变化幅度。此方法在应用中最为常见，通过这种方法可以判断给定迭代次数内极值的变化范围，若变化很小或者没有变化，则算法终止。

5. 算法优点

Howson 和 Sancho 通过 POA 算法的收敛性研究指出，当多阶段决策问题的阶段指标函数呈严格凸性，同时具有连续一阶偏导数时，POA算法能够收敛至全局最优解。此外，POA 算法本身具有隐性并行搜索的特性，因而效率很高，消耗的时间比较短；POA 算法不需要离散状态变量，因此不仅能够获得比较精确的解，而且还克服了动态规划算法求解梯级水电站群互补调度问题时的"维数灾"困难。

4.2.3 案例分析

本节以流域 Y "两库五级"梯级水电站及其周边的风光资源为例，采用 POA 算法求解。流域 Y 梯级水电站总装机 1470 万千瓦，基本参数如表 4-1 所示，风电场和光伏电站开发尚未完全，据统计，流域内风电规划总规模为 1260 万千瓦，光伏电站规划总规模为 1816 万千瓦。

表 4-1　流域 Y 梯级水电站基本参数

电站编号	多年平均流量	正常蓄水位	尾水位	总库容	调节库容	调节性能	装机容量
	立方米/秒	米	米	亿立方米	亿立方米		兆瓦
A	1190	1880	1646	77.6	49.1	年	3600
B	1190	1646	1330	0.11	0.05	日	4800
C	1360	1330	1220	6.26	1.72	日	2400
D	1650	1200	1035	57.9	33.7	季	3300
E	1890	1015	995	0.72	0.23	日	600

研究选取某平水年梯级水电站的典型年径流资料和区域内的风光出

力数据进行互补调度计算。A 电站年平均入库流量为 1164.53 立方米/秒,与多年平均流量相当。梯级电站径流数据如表 4-2 所示。流域 Y 内典型风光电站年平均出力分别为 37.03 兆瓦、29.07 兆瓦,具体数据如图 4-4 所示。鉴于梯级水电装机大,调节能力较好,为了方便观察风光电站接入后对梯级水电的影响,本节进行互补电站计算时将风光发电出力放大 50 倍。

表4-2　梯级水电站旬径流过程

(单位:立方米/秒)

时段	A 站入库	A-B 区间	B-C 区间	C-D 区间	D-E 区间
6 月上	897.6	55.56	4.096	112	169.6
6 月中	1836	113.64	8.376	243.2	55.2
6 月下	2023.2	125.224	9.224	263.2	449.6
7 月上	2573.6	159.296	11.736	310.4	0
7 月中	3489.6	215.992	15.912	530.4	496
7 月下	2688	166.376	12.256	331.2	204.8
8 月上	2257.6	139.736	10.296	555.2	0
8 月中	2321.6	143.696	10.592	309.6	474.4
8 月下	1659.2	102.696	7.568	252	325.6
9 月上	1673.6	103.592	7.632	176	134.4
9 月中	2916.8	180.536	13.304	387.2	477.6
9 月下	2192	135.672	10	425.6	670.4
10 月上	2503.2	154.936	11.416	383.2	814.4
10 月中	1753.6	108.536	8	224	351.2
10 月下	1261.6	78.088	5.752	116.8	128.8
11 月上	944	58.432	4.304	87.2	108.8
11 月中	794.4	49.168	3.624	84	200.8
11 月下	687.2	42.536	3.136	56	77.6
12 月上	559.2	34.608	2.552	56	129.6
12 月中	476.8	29.512	2.176	58.4	131.2
12 月下	476.8	29.512	2.176	40.8	64
1 月上	404.8	25.056	1.848	45.6	346.4
1 月中	402.4	24.904	1.832	17.6	276

续表

时段	A 站入库	A-B 区间	B-C 区间	C-D 区间	D-E 区间
1 月下	374.4	23.176	1.704	45.6	146.4
2 月上	361.6	22.384	1.648	24	138.4
2 月中	341.6	21.144	1.56	44.8	311.2
2 月下	346.4	21.44	1.576	30.4	107.2
3 月上	340	21.048	1.552	23.2	196.8
3 月中	320.8	19.856	1.464	33.6	243.2
3 月下	300.8	18.616	1.368	88	752
4 月上	361.6	22.384	1.648	24	138.4
4 月中	341.6	21.144	1.56	44.8	311.2
4 月下	346.4	21.44	1.576	30.4	107.2
5 月上	505.6	31.296	2.304	20.8	0
5 月中	536.8	33.224	2.448	54.4	0
5 月下	652.8	40.408	2.976	60	0

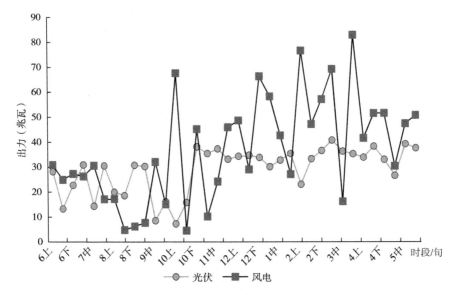

图 4-4 流域 Y 内典型风光电站出力过程

互补调度后水风光全年总发电量为 1042.81 亿千瓦时，其中梯级
水电站发电量为 753.05 亿千瓦时，占总发电量的 72.21%，风光总发
电量为 289.75 亿千瓦时，各电站发电量占比如图 4-5 所示。从各水

期发电量来看，丰（6月上旬～10月下旬）、平（5月和11月）、枯
（12月上旬～翌年4月下旬）水期总发电量分别为548.05亿千瓦时、
142.49亿千瓦时、352.27亿千瓦时，分别占全年电量的52.56%、
13.66%、33.78%。

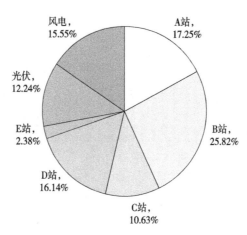

图4-5 互补调度后年内各电站电量占比

互补调度后水风光总出力过程如图4-6所示。其中全年保证出力
达到969.79万千瓦，出现在3月下旬，枯水期（12月到翌年4月）最
大出力为985.724万千瓦，出现在4月上旬，枯水期出力极差为15.93
万千瓦。为了观察梯级水电调节风光出力后对于风光波动的调节效果，
本节统计了水风光互补运行与单独运行各种情况下枯水期出力的最大出
力值、最小出力值、出力极差等指标，如表4-3所示，表中单独运行
的各种情况指各类电源单独运行后出力简单叠加后的结果。从表中可
知，相较于单独运行，通过水库的调节，水风光总保证出力由792.5万千瓦
提升至969.79万千瓦，提高了22.37%，同时互补运行可以将水风光
出力波动（出力标准差）降低为单独运行的1.20%，表明水风光互
补运行后，在最小出力最大化的调节目标下，总出力波动得到明显
改善。

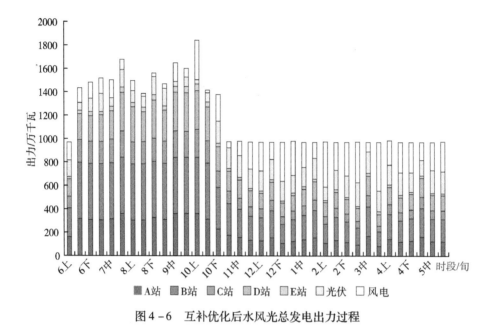

图 4-6 互补优化后水风光总发电出力过程

表 4-3 不同运行方式下枯水期出力波动指标统计

项目	互补运行	单独运行			
		水风光	光伏	风电	风光
最大出力（万千瓦）	985.72	1195.21	203.67	414.92	591.39
最小出力（万千瓦）	969.79	792.5	115.40	80.90	262.50
出力极差（万千瓦）	15.93	402.7	88.27	334.02	328.89
极差/最大	1.62%	33.69%	43.34%	80.50%	55.61%
出力标准差（万千瓦）	4.55	107.36	19.02	89.36	86.77

图 4-7 是互补调度后各电站出力过程的雷达图。由图可知，各电站的出力变化规律，梯级水电站 A—E 由于具有强耦合的水力联系，其发电出力过程具有极强的相似性，各个水电站出力过程的两两相关系数均在 0.87 以上。风光出力，尤其是风电出力的波动剧烈，枯水期最为显著，呈现出"高低交错、循环反复"的特点。水电调节风光以后，其出力过程表现出与风光的互补特性，从图中大致可看出水电与风光"此消彼长"的趋势。为了进一步探讨水电对风光出力的互补，本节采用皮尔逊相关系数来度量枯水期各个水电站以及梯级水电站与风光发电

出力的互补性，并统计如表4-4。总体来看，梯级中各水电站发电出
力与风电的互补性优于与光伏的互补性，主要由于风电的波动较为剧
烈，而光伏的年内出力过程相对稳定；但各水电站与光伏的相关系数接
近于0，也在一定程度上说明了其互补性。就单站来看，E 站由于受 D
水库调节后，其出力过程与风光发电的互补性不太高，其余电站出力均
表现出与风光出力的互补特性，尤其是直接受 A 水库调节的 A、B、C
三个电站。梯级水电与风光总发电出力的互补系数高达 -0.99，表现出
极强的互补性。

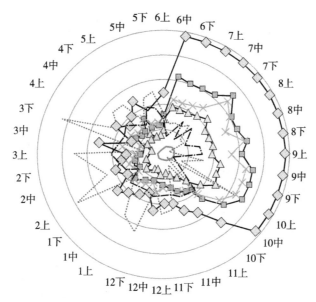

图4-7　互补调度后各电站出力过程雷达图

表4-4　枯水期各水电站与风光发电出力的互补性

	A 站	B 站	C 站	D 站	E 站	梯级水电
光伏	0.0172	0.0127	0.0123	0.0050	0.1023	0.0153
风电	-0.9734	-0.9722	-0.9721	-0.9669	-0.4112	-0.9729
风光	-0.9988	-0.9985	-0.9984	-0.9947	-0.4011	-0.9986

　　图4-8 和图4-9 分别是年调节水库 A 和季调节水库 D 的旬末水位
过程，由图可知，二者的蓄水消落具有较好的同步性。此外，A 水库在

10月上旬蓄满，10月中旬维持在正常蓄水位1880m运行，此后水位开始消落。同样，D水库水位在10月上旬和中旬为正常蓄水位1200m，10月下旬开始消落。在维持正常高水位运行的10月上旬，A水库和D水库的发电出力均达到最大发电出力，因此分别产生452.92立方米/秒和105.29立方米/秒的弃水，两个水库其余时段均未产生弃水。考虑其余3个无调节的水电站，该年份梯级水电总弃水电量为16.96亿千瓦时，弃能率为1.6%。

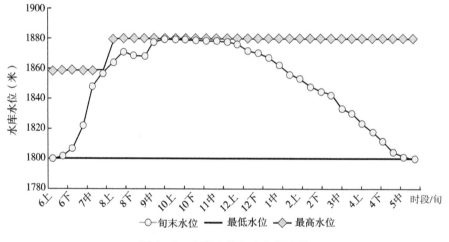

图4-8 水库A的旬末水位过程

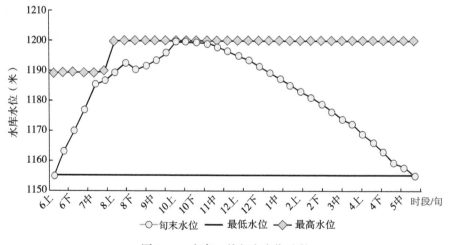

图4-9 水库D的旬末水位过程

为了观察中长期互补运行中风光对水电电量的补偿情况，本节将梯级水电单独运行的情况作为对比。对比水风光互补运行和梯级水电单独运行的电量结构发现，风光的接入增加了全年发电量 289.76 亿千瓦时，其中丰、平、枯期电量分别增加 78.61 亿千瓦时、62.12 亿千瓦时、149.03 亿千瓦时，分别增加了 16.7%、77.3% 和 73.3%。由此表明，水风光互补运行时，风光对水电平枯期的电量补偿作用显著大于丰水期，这对于弥补水电枯期出力不足具有重要意义。两种运行方式下全年电量结构统计如表 4-5 所示。由表可知，枯水期电量占比提升了 6.79 个百分点，丰枯电量比例由 2.31:1，改善为 1.56:1，体现了中长期尺度下水风光互补运行过程中，风光发电对水电的电量补偿，尤其是在枯水期。

表4-5　不同运行方式下电量结构对比情况

运行方式	项目	丰水期	平水期	枯水期	全年
水风光 互补运行	电量（亿千瓦时）	548.05	142.49	352.27	1042.81
	占比	52.56%	13.66%	33.78%	100.00%
水电单独 运行	电量（亿千瓦时）	469.44	80.37	203.24	753.05
	占比	62.34%	10.67%	26.99%	100.00%

在中长期尺度下，水电与风光的互补主要体现在：①风光发电对水电的电量互补，水风光互补运行可以提升系统全年的保证出力以及改善电量丰枯结构，弥补水电枯期电力不足；②梯级水库联合调节后，风光发电出力"高低交错、循环反复"的波动性得以坦化，这主要是水电对风光的电力互补。电量是关乎收益的直接因素，为此，在中长期尺度下，在接入风光以后，梯级水电站的调度策略，应以总发电量最大化为主要目标，以提高保证出力为辅助目标。由于水电受天然径流丰枯季节性影响而表现出"丰多枯少"的电力结构，水风光互补运行后，梯级水电的调度策略应当根据不同的水期做相应调整。在丰水期，当调节库容有富余时，水电可调节风光出力；否则，水电以资源最优化原则运行。枯水期，水电根据风光出力特点调整水电调度策略。在风光出力较

大时，水电减小发电流量，放缓水库消落的速度，甚至可以蓄水；在风光出力较小时，水电增大发电流量，加快水库消落的速度，以达到增加水电发电出力的目的。

4.3　短期多能互补协调调度策略

4.3.1　互补协调调度模型

短期调度模型所研究的周期较短，周期可以是周、日。当水库具备日、周以上的调节性能时，互补的可行性和可靠性一般均能得到满足。水风光等清洁能源在短期的互补主要体现在发电出力上，水电在保证电力系统和电站安全运行的前提下，应该尽可能配合风光发电，减少风光出力波动，以促进清洁能源的消纳，与此同时也要兼顾发电量。因此，本节构建兼顾发电量和出力波动的水风光短期互补调度双重目标模型。

1. 目标函数

目标 I：水风光日内发电量最大化。

$$maxE = Max\left(\sum_{i=1}^{n_j} \sum_{t=1}^{T} \sum_{j=w,s,h} N_{j,it} \times m_t \right) \qquad (4-10)$$

$$N_{h,it} = \frac{Q_{h,it} \times k}{\delta_{h,i}} \qquad (4-11)$$

式中，i 为电站变量；$j=w$，s，h 分别代表风电场、光伏电站、水电站；n_j 为第 j 类电站总个数；t 为时段变量；T 为日内计算总时段数（以小时为计算时段，$T=24$）；E 为水风光日内发电量（kWh）；$N_{j,it}$ 为第 j 类电站第 i 个电站第 t 时段的发电出力（kW）；$Q_{h,it}$ 为第 i 个水电站第 t 时段的发电流量（m³/s）；$\delta_{h,i}$ 为第 i 个水电站耗水率，其大小随水库水位的变化而变化（m³/kWh）；k 为换算系数，若电量单位为 kWh，则 $k=3600$；m_t 为第 t 时段的小时数。

目标Ⅱ：总出力波动最小。

以水风光总出力波动最小为目标函数，即考虑在时段内梯级水电和光伏的出力过程与其总出力的均值尽可能接近，其具体表达式如下：

$$\min D_v = \sqrt{\frac{1}{T-1}\sum_{i=1}^{T}(N_{r,t}-\bar{N}_r)^2} \qquad (4-12)$$

式中，D_v 为总出力波动值；$N_{r,t}$ 为第 t 时刻梯级水风光的总出力；$\bar{N}_r$ 为水风光的平均发电出力；T 为计算周期内计算总时段数。

2. 约束条件

（1）水量平衡约束。

$$\begin{cases} V_{i,t+\Delta t} = V_{i,t} + (R_{i,t}-Q_{ri,t})\,\Delta t \\ Q_{ri,t} = Q_{i,t} + S_{i,t} \end{cases} \qquad (4-13)$$

式中，$V_{i,t}$、$V_{i,t+1}$ 分别为第 i 个水电站第 t 时段初、末水库蓄水量（m^3）；$R_{i,t}$ 为第 i 个水电站第 t 时段入库流量（m^3/s）；$Q_{ri,t}$ 为第 i 个水电站 t 时刻的下泄流量（m^3/s）；$Q_{i,t}$ 为第 i 个水电站 t 时刻的发电流量（m^3/s）；$S_{i,t}$ 为第 i 个水电站第 t 时段弃水流量（m^3/s）；Δt 为计算时段长度（s）；其他参数意义同上。

（2）水库蓄水位约束。

$$Z_{i,t}^{\min} \leqslant Z_{i,t} \leqslant Z_{i,t}^{\max} \qquad (4-14)$$

式中，$Z_{i,t}$ 为第 i 个水库第 t 时刻的蓄水位（m）；$Z_{i,t}^{\min}$、$Z_{i,t}^{\max}$ 分别为第 i 个水库第 t 时刻的允许的最低、最高蓄水位（m）；最高水位通常是基于水库安全方面考虑的，如汛期防洪限制等（m）。

（3）水库下泄流量约束。

$$Q_{ri,t}^{\min} \leqslant Q_{ri,t} \leqslant Q_{ri,t}^{\max} \qquad (4-15)$$

式中，$Q_{ri,t}^{\min}$、$Q_{ri,t}^{\max}$ 分别为第 i 个水电站第 t 时段应保证的最小下泄流量和允许的最大下泄流量（m^3/s）；其他参数意义同上。

（4）水电站间水量联系约束。

$$R_{i,t} = Q_{ri-1,t-\Delta T_{i-1}} + I_{i,t} \tag{4-16}$$

式中，$Q_{ri-1,t-\Delta T_{i-1}}$ 为第 $i-1$ 个水电站（第 i 个水电站的上游电站）$t-\Delta T_{i-1}$ 时刻的下泄流量（$\mathrm{m^3/s}$）；ΔT_{i-1} 为第 $i-1$ 个水库到第 i 个水库的水流滞时对应的时段数；$I_{i,t}$ 为第 t 时刻第 $i-1$ 个水电站到第 i 个水电站的区间平均入流（$\mathrm{m^3/s}$）。

（5）电站出力约束。

$$N_{j,it}^{min} \leqslant N_{j,it} \leqslant N_{j,it}^{max} \tag{4-17}$$

式中，$N_{j,it}^{min}$、$N_{j,it}^{max}$、$N_{j,it}$ 分别为第 j（风电、光伏、水电）类第 i 个电站第 t 时段的允许最小、最大出力和实际发电出力（MW）；其他参数意义同上。

（6）水电站振动区约束。

$$[N_{hi,t} - \overline{NS_{i,t,k}}(Z_{i,t}, Z_{i,t+1}, Zd_{i,t})][N_{hi,t} - \underline{NS_{i,t,k}}(Z_{i,t}, Z_{i,t+1}, Zd_{i,t})] \geqslant 0$$
$$\tag{4-18}$$

式中，$\overline{NS_{i,t,k}}$ 为第 i 个水电站 t 时刻第 k 个出力振动区的上限（MW）；$\underline{NS_{i,t,k}}$ 为 i 个水电站 t 时刻第 k 个出力振动区的下限（MW）；$Z_{i,t}$，$Z_{i,t+1}$ 为第 i 个水电站 t 时刻的初末水位（m）；$Zd_{i,t}$ 为第 i 个水电站 t 时刻的平均尾水位（m）；其他参数意义同上。

（7）非负条件约束。

上述所有变量均为非负变量（$\geqslant 0$）。

4.3.2 模型求解算法

花粉算法（FPA 算法）是一种启发式的群智能优化算法，Yang X S 在 2012 年创建了该算法并在 2014 年将其扩展为多目标算法，目前 FPA 算法已经被应用于求解数独游戏、无线传感器网络优化及能源经济调度等问题，具有很强的实用性。

模型求解的具体步骤如下。

步骤1：初始设定转移概率 p，花粉配子个数 TN，FPA算法种群寻优最大迭代次数 $gmax1$，随机产生 TN 个花粉配子作为初始解。

$$X_j = (X_{j1},\ X_{j2},\ \cdots,\ X_{jd})^T\ (j=1,\ 2,\ \cdots,\ TN)$$

步骤2：以目标函数作为适应度函数，计算每个花粉配子 X_j 对应的适应度函数值，找出当前种群目标函数最优值 $f(X_*)$ 和最优花粉配子 X_*。

步骤3：生成均匀分布随机数 $Rand1 \in [0,\ 1]$，若 $Rand1 < p$，则按照公式（4-19）进行全局授粉，其中 L 为 d 维向量，每一元素服从 Levy 分布，如式（4-20）所示；否则按照公式（4-21）进行局部授粉，其中 $\omega \in [0,\ 1]$，为均匀分布随机数。计算新配子的适应度函数值 $f(X_j^{g+1})$，若 $f(X_j^{g+1})$ 值更优，更新花粉配子。对 TN 个花粉配子进行遍历。

$$X_j^{g+1} = X_j^g + \gamma L\ (X_* - X_j^g) \tag{4-19}$$

$$L \sim \frac{\lambda \Gamma(\lambda) \sin(\pi\lambda/2)}{\pi} \frac{1}{s^{1+\lambda}} \tag{4-20}$$

$$X_j^{g+1} = X_j^g + \omega(X_j^g - X_k^g) \tag{4-21}$$

式中，g 为当前迭代次数；$\Gamma(\lambda)$ 为标准伽马函数；ω 为均匀分布随机数；X_k^g 为当前种群中随机选取的花粉配子；γ、λ 为模型参数，一般为固定常数；其他参数意义同上。

步骤4：找出当前种群最优解 X_* 和最优值 $f(X_*)$。

步骤5：判断是否满足算法停止准则。若满足，则退出迭代计算，输出计算结果，进行 POA 寻优计算；否则返回步骤3。

花粉算法求解流程如图4-10所示。

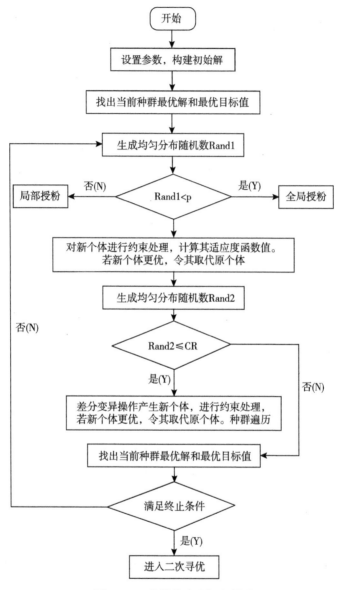

图 4-10　花粉算法求解流程图

4.3.3　案例分析

本节以日为调度周期，小时为调度时段，以流域 X 内典型水风光电站为例，开展风光水日内互补调度策略研究。流域 X 内已投产水电站包含2个梯级共4个水电站，其中G、H、I电站同属于一个梯级，具有较强的水力电力联系，G、H电站均具有日调节能力，电站I是一个径流式电站。F电站隶属于另外一条支流，与G、H、I电站只有电力联系，没有水力联系。梯级水电站基本参数如表4-6所示。

表4-6　梯级水电站基本参数

电站名	出力约束（MW）		流量约束（m³/s）		水位约束（m）	
	最大	最小	最大	最小	最大	最小
F	54	0	47.1	0	2449.8	2447.8
G	45	0	43.32	0	2709	2705
H	60	0	53.4	0	2574	2572
I	36	0	51.1	0	/	/

流域X内某典型日24小时梯级水电站径流过程和风光出力过程分别如图4-11和表4-7所示。由图可知，受气象环境因素影响，风电、光伏的日内出力过程均有较大的波动性。由于光伏对太阳辐照度的依赖，仅在白天发电，夜间有较长时间的间歇性；风电则表现不同，但总体呈现出夜间出力较大的特点，在光伏发电正盛的7时到20时出力反而较小，表现出与其一定的互补性，这正好有利于水风光的联合互补运行。

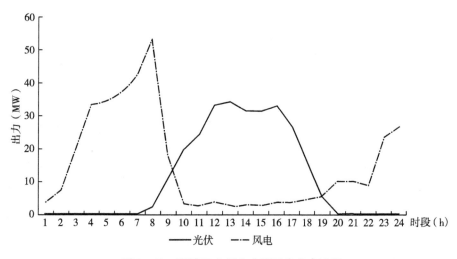

图4-11　流域X内日内典型风光出力过程

表4-7   流域 X 梯级水电站典型日的径流过程

（单位：m³/s）

时段	F	G	G-H 区间	H-I 区间
1	27.30	17.91	2.90	1.97
2	27.31	17.86	2.89	1.96
3	26.12	16.71	2.71	1.83
4	23.77	14.35	2.32	1.57
5	26.12	16.65	2.70	1.83
6	27.31	17.74	2.87	1.95
7	23.72	14.21	2.30	1.56
8	25.02	15.42	2.50	1.69
9	26.24	16.60	2.69	1.82
10	26.25	16.56	2.68	1.82
11	26.15	16.61	2.69	1.82
12	26.15	16.66	2.70	1.83
13	27.38	18.05	2.92	1.98
14	26.29	17.71	2.87	1.94
15	26.21	17.51	2.84	1.92
16	26.15	16.68	2.70	1.83
17	27.35	19.88	3.22	2.18
18	27.23	21.08	3.41	2.31
19	27.04	20.92	3.39	2.30
20	24.55	18.05	2.92	1.98
21	26.80	21.05	3.41	2.31
22	25.86	19.43	3.15	2.13
23	25.64	19.45	3.15	2.14
24	25.69	20.91	3.39	2.29

接下来分析互补优化运行的效果。从电量上看，水风光互补优化后，该典型日的总发电量为273.78万千瓦时，其中水电发电量为210.64万千瓦时，占总发电量的76.94%，光伏和风电发电量分别26.89万千瓦时和36.25万千瓦时，分别占总电量的9.82%和13.24%。水风光互补优化后各电站的日内电量占比如图4-12所示。

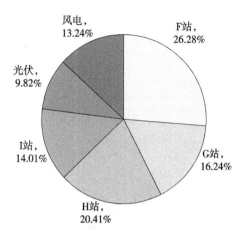

图4-12　互补优化后各电站电量占比

　　互补优化前后水风光总出力过程如图4-13所示，其中单独运行指以同样的资料为基础，梯级水电按照发电量最大化和波动最小化的目标单独进行优化，得到的出力过程与风光发电叠加后的结果。由图可知，水风光互补优化运行后，能够对风光出力过程实现"削峰填谷"，基本使调整后的出力过程趋于直线，梯级水电的调节能力得到充分发挥，风光发电出力的波动得到明显改善。为了进一步探讨梯级水电站对平抑风光出力波动的效果，本节统计了水风光互补运行与单独运行各种情况下的出力波动指标，包括最大出力、最小出力、出力极差等指标，如表4-8所示，其中单独运行的各种情况指各类电源单独运行后出力简单叠加后的结果统计。从出力标准差来看，水风光单独运行结果与风电、光伏发电出力波动比较一致，且均大于10MW，其中，风电波动＞光伏波动＞风光波动＞水风光单独运行波动，从侧面验证了水风光各电源出力（资源特性）的互补性，仅出力的简单叠加也有利于平抑波动；水风光互补运行后的总出力波动仅为0.15MW，是三者单独运行的1.2%，体现出水电站群通过水库的互补调度运行，对风光出力波动的平抑具有显著的作用。

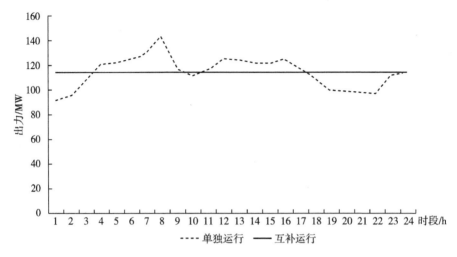

图 4 - 13   水风光单独运行与互补运行总发电出力过程

表 4 - 8   出力波动指标统计

项目	互补运行	单独运行			
		水风光	光伏	风电	风光
最大出力（MW）	114.35	142.84	34.11	52.98	55.26
最小出力（MW）	113.79	95.03	0.00	2.65	7.26
出力极差（MW）	0.56	47.80	34.11	50.33	47.99
极差/最大	0.49%	33.47%	100.00%	95.00%	86.85%
出力标准差（MW）	0.15	12.52	13.53	14.71	12.61

图 4 - 14 至图 4 - 16 分别是具有日调节能力的水库 F、G、H 调节风光后的日内水位过程。由图可知，三座水库的水位均在水位阈值范围内运行，且与水位边界保持了一定的距离，表明水库均未发生弃水，且梯级水库群的调节能力对于当前的风光出力而言尚有富余。

在短期尺度下，水风光的互补运行更关注风光出力的波动。为了发挥风光出力本身的互补优势，在运行过程中，梯级水电并不是分别与风电、光伏进行互补运行，而是以风光总出力过程为基础进行互补。与中长期调度策略不同的是，日内互补不存在丰枯之分。从图 4 - 17 来看，互补后，风光总出力与梯级水电的发电出力曲线呈现"峰对谷"此消彼长的特点，即在 1 时—8 时、10 时—12 时、22 时—24 时，风光总出力随时间逐步增大，梯级水电出力则相应降低；8 时—10 时、12 时—22 时，风光总出力随时间逐步降低，梯级水电则增大出力运行。表明水风光互补运行时，水电的调度策略是与风光总出力的变化趋势相逆，即在风光总出力随时间逐步增大时，梯级水电逐步降低出力；在风光总出力随时间逐步降低时，梯级水库则加大发电流量，以达到增加发电出力的目的。

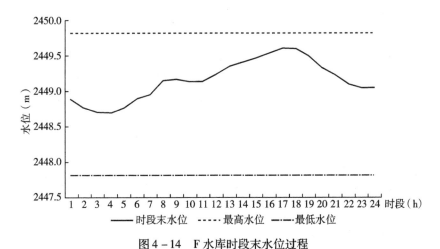

图 4-14　F 水库时段末水位过程

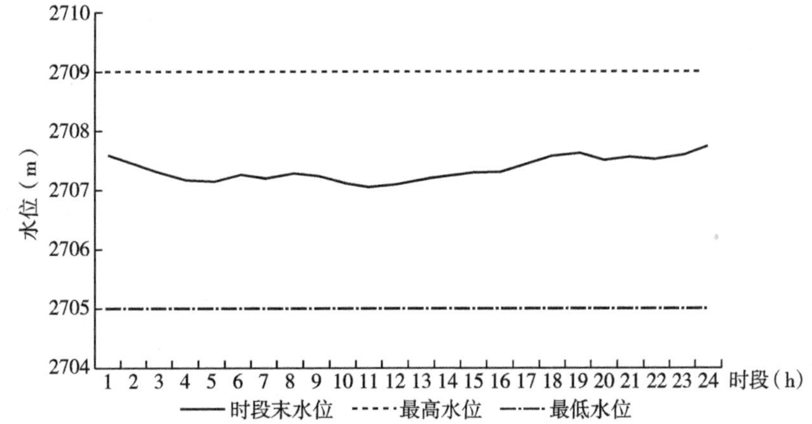

图 4-15　G 水库时段末水位过程

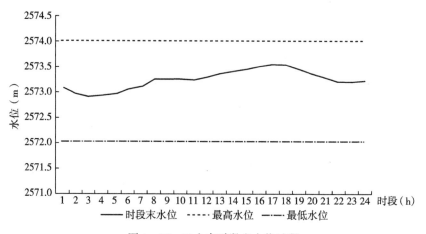

图 4 – 16 H 水库时段末水位过程

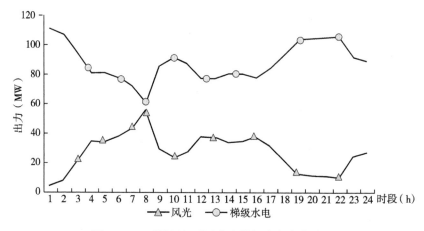

图 4 – 17 互补运行后风光和梯级水电出力过程

第5章

西南地区水电智慧服务
平台建设

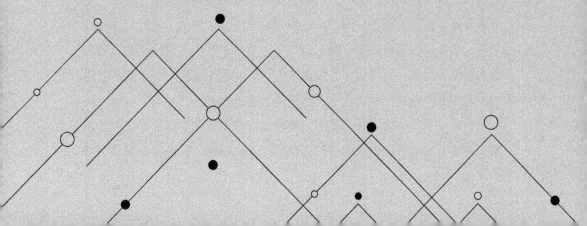

5.1 西南地区水电智慧服务平台建设愿景

5.1.1 建设背景

近年来，随着我国社会经济快速发展，传统的以化石能源为主的能源开发和消费模式难以为继。党的十九大报告提出，要推进能源生产和消费革命，构建清洁低碳、安全高效的能源体系。2020 年 3 月，国家电网有限公司提出了建设具有中国特色国际领先的能源互联网企业战略目标，为西南地区水电等清洁能源开发建设提供了方向。

西南川渝藏地区水电资源比较丰富。水电技术可开发容量达 3.4 亿千瓦，位居全国首位，是我国重要的水电基地，国家规划的 13 大水电基地中有 6 个在西南，其规划容量占比超过 50%。当前，西南电网水电装机规模占全网总装机的 71%，是国网系统内水电规模最大、装机占比最高的区域电网。同时，西南地区金沙江、雅砻江、大渡河、嘉陵江、乌江等大江大河上，已建水电装机容量超过 5000 万千瓦，单个梯级水电群规模超过 2000 万千瓦，形成了世界少有的巨型水电群，水电区位优势凸显。

随着西南电网水电装机规模的大幅增加，水电通过交直流互联电网外送规模不断加大，水电调度运行方式发生极大改变，产生了很多世界水电史上从未有过的调度运行难题，传统水电调度控制方法在解决水电消纳矛盾方面有局限性，同时水电季节性消纳矛盾突出，水能利用率还不高，水电调度管理技术手段比较单一，运行中产生的数据蓝海价值没有得到充分挖掘。互联网、大数据、人工智能和实体经济深度融合技术的不断发展，为提高西南水电发展提供了新思路。

在此背景下，为了开发利用好西南地区水电资源、运营好大型水电基地，服务水电行业全产业链共同发展，国家电网公司西南分部研究提出了建设西南地区水电智慧服务平台，通过采用"大、云、物、移、智"等新一代信息技术，开发西南地区水电智慧服务平台，提升电网水电智慧调度水平，实现水库优化调度由传统的定性描述、被动决策、经验调度转变为定量分析、智能决策；挖掘水电运行等数据价值，培育和发展新业务，更好地服务发电企业、服务地方政府、服务用电企业，营造以水电为主的多方共赢的能源互联网生态圈，打造西南水电智慧服务品牌。

5.1.2　建设目标

西南水电的建设目标是结合西南水电资源特点，按照"全面感知、泛在连接、开发共享、融合创新"的建设要求，充分利用大数据、云计算等技术，建设支撑政府部门决策、服务发电企业、服务行业发展、提升专业管理四位一体的、广泛互联互通的世界先进的西南地区水电智慧服务平台，如图 5-1 所示。

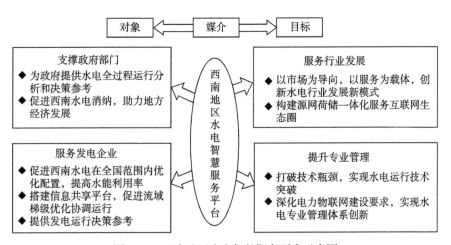

图 5-1　西南地区水电智慧服务平台示意图

（1）支撑政府部门决策。为政府能源主管部门提供水电全过程运行分析和决策参考，促进西南水电消纳，助力地方经济发展。

（2）服务发电企业。为发电企业搭建信息共享平台，提供发电决策服务，实现水电在全国范围内消纳，减少弃水，提高水能利用率。

（3）服务行业发展。消除行业壁垒，以市场为导向，以服务为载体，创新商业模式，培育新业务，构建源网荷储一体化应用服务为核心的互联网生态圈。

（4）提升专业管理。打破技术管理瓶颈，实现技术突破和管理创新，建设技术领先的水电调度管理体系。

5.1.3　建设思路

围绕建设国际领先的中国特色国际领先的能源互联网企业战略目标，针对西南水电输送规模大、并网关系复杂、水力电力联系密切、多源多网协调难度大的特点，基于调控云平台等新技术，提升电网水电智慧调度水平，研发建设西南电网清洁能源智慧服务平台，实现水库优化调度由传统的定性描述、被动决策、经验调度转变为定量分析、自主学习、智能决策；培育和发展新业务，更好地服务发电企业、服务地方政府、服务用电企业，营造以水电为主的多方共赢的能源互联网生态圈，打造西南清洁能源智慧服务品牌。

清洁能源智慧服务平台结合国分调控云建设开展，整合现有 D5000 系统功能，从本地获取监测和运行信息、预测信息、计划信息等，充分利用调控云平台的基本数据服务、计算服务、交互服务和展示服务进行系统架构和功能模块设计。西南地区水电智慧服务平台可划分为 4 个应用层，分别为数据获取层、感知层、优化调度层和全景展示服务层。数据获取层负责数据的获取、校验及存储，为后续功能提供基础数据；感知层充分利用已有数据，实现水电发电能力和水电消纳能力的全方位感知优化；优化调度层实现水库智能化优化调度和水电全时空优化决策；全景展示服务层为用户提供友好的全景展示界面，并可提供相应服务。

西南地区水电智慧服务平台建设于安全Ⅲ区，按照电力调度通用数据对象结构化设计进行标准化数据建模，全面开展数据接入转换和整合贯通，从智能电网调度控制系统中获取水情等实时数据，并实现与调控云的数据交互，在获取电网模型、数据、图形等信息的同时，向调控云提供服务化应用。为提升对外业务服务水平，将部分信息通过信息网络安全接入网关发布至互联网大区，向电厂、用能企业、政府机关等提供数据共享。

5.2　西南地区水电智慧服务平台主要内容

西南清洁能源智慧服务平台建设以国分调控云为基础，围绕水电运行消纳各个环节，构建西南电网清洁能源应用模型数据中心，是涵盖全面感知、智能分析、智慧调度和广泛服务四大类应用的清洁能源一体化服务平台，主要建设水电场景数据集成与处理中心，水电发电能力全方位感知、水电弃水周期全周期感知、水库群智能优化调度、水电跨省跨区全时空优化决策服务、水电运行智能统计分析、水电全景展示服务、对外信息发布与交互等七大类应用。

5.2.1　平台功能框架

西南地区水电智慧服务平台从下到上包括数据获取层、感知层、优化调度层、全景展示服务层，共八大应用，具体功能框架如图 5 - 2 所示。

1. 数据获取层

数据集成与处理：数据存储管理、数据获取检查。

2. 感知层

水电发电能力全方位感知：全网水风光发电能力计算、水情气象信息全方位感知。

水电弃水风险全周期感知：水风光富余电力计算、弃水预警及策略调整。

3. 优化调度层

水库群智能优化调度：水库群调度方案响应及迭代、水库群出力动态校核、跨流域互补性分析。

水电全时空优化决策：水风光互补调度策略建模、水电最大接纳能力分析、源网荷储协调互动。

4. 全景展示服务层

水电运行全景展示：电子沙盘展示、基于调控云全景展示、信息告警。

水电运行智能统计分析：水运行智能分析、水风光互补协调运行分析、水电运行风险分析。

服务类：新业态培育、交互式服务、信息对外发布。

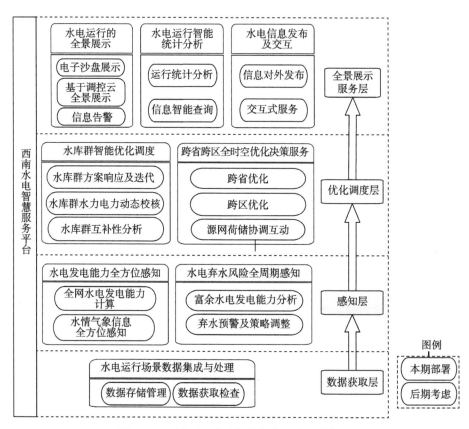

图 5-2　西南地区水电智慧服务平台功能框架

5.2.2　水电发电能力全方位感知

水电发电能力全方位感知通过整合发电企业、水利部门和智能电网调度控制系统水调应用水情信息，实现水情信息互联互通，接入流域水雨情信息、区域气象实况信息和气象数值预报信息，完善和整合发电能力计算和预测的信息采集。实现的整体架构如图 5-3 所示。

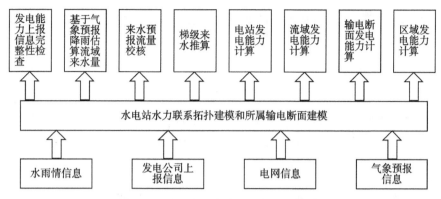

图5-3　水电发电能力全方位感知框架图

通过对从智能电网调度控制系统、水利部门和发电企业等数据来源端采集的水雨情信息、发电公司上报信息、电网信息和气象预报信息聚合分析，构建流域水风光电站电力和水力联系拓扑建模以及所属输电断面建模框架，基于建模信息开展发电能力计算上报信息的完整性检查，如来水预报信息；利用气象预报信息对流域未来1~7天增加水量过程进行估算，用于校核水电站上报的来水预报信息，并进行风光电站出力预测，对于未进行来水预报信息上报的水电站，根据上游预报来水过程和发电计划进行下游电站来水过程的推算；基于来水信息、水库的初始状态以及水库运行规则，开展水电站发电能力计算，并结合风光出力预测结果，推算流域的发电能力、输电断面的发电能力和区域发电能力。

5.2.3　水电弃水风险全周期感知

基于水电发电能力全面感知模块的成果，水风光进一步全面跟踪水风光电站运行情况，对弃水弃风弃光风险进行全周期感知，起到监测、告警、策略动态调整的作用，主要体现以下几个方面。

（1）对流域实际来水和风光出力、预测来水和风光出力进行实时跟踪，并对来水和风光出力偏差进行统计分析，准确掌握未来来水和风光出力变化趋势，为水风光互补调度计划监测提供有效的数据支撑。

（2）针对实际来水、风光出力及其未来的变化趋势，对水风光互补调度计划滚动执行，实时监测运行水库运行状态、弃水弃风弃光等信息,并针对全网、各区域、断面的富余电力进行统计分析,确定富余电力的分布情况,以实现对西南全网—各区域—各断面全方位掌握水风光互补调度计划执行情况等信息。

(3)对超出弃水弃风弃光阈值、富余电力阈值的区域、断面进行告警,并提出相应的调整策略以供用户抉择。

(4)系统需通过可视化界面进行分层级展示,实时显示西南全网、各省(市、区)调、各断面的电力富余水平及分布情况,用户可灵活设置阈值等参数,对超出阈值的地区进行告警,系统操作简便,显示美观、设置灵活,具有较好的人机交互性能。

水电弃水风险全周期感知模块包含三个子模块:水风光发电能力跟踪监测模块、富余电力分析模块、弃水弃风弃光预警及策略调整模块。各个模块功能示意图如图 5 - 4 所示。

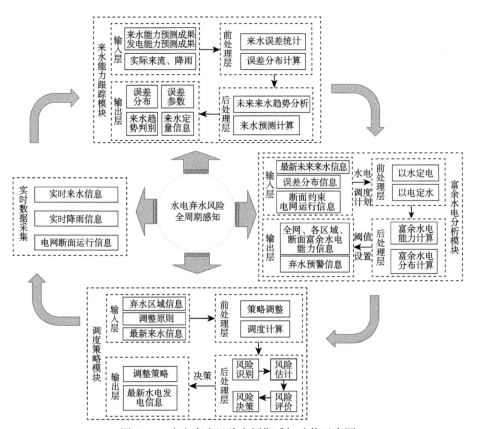

图 5 - 4   水电弃水风险全周期感知功能示意图

1. 水风光发电能力跟踪监测模块

基于水风光发电能力全面感知的成果，进行实时动态跟踪全网、各区域的实际风光出力和来水情况，对风光出力和来水误差进行统计分析，通过大数据分析技术、数理统计分析对未来实际风光出力和来水情况进行定量分析，进而实现全网、各地区的水风光互补调度计划的执行监测。

（1）输入数据。风光出力预测成果、来水能力预测成果、水电发电能力预测成果、实时来水数据、实时降雨数据。

（2）输出数据。风光出力偏差、来水偏差分布、风光出力偏差特性、来水偏差特性参数、未来风光出力和来水趋势特性、未来风光出力和来水定量信息。

（3）模块功能。风光出力和来水能力、水风光发电能力等实时数据查询功能，参数设置、计算、保存、导出功能、图表转换功能。

2. 富余电力分析模块

根据水风光发电能力跟踪监测模块的计算结果，结合水风光互补调度计划，实时跟踪计算，动态显示全网、各区域、断面的富余电力及相应的分布情况，根据设置的弃水弃风弃光阈值、富裕电力阈值以及置信度等参数，实现弃水弃风弃光预警、富裕电力提示等功能。

（1）输入数据。最新未来来水信息、误差分布信息、断面约束和电网运行信息、新能源出力预测信息、检修计划、水风光调度计划。

（2）输出数据。全网、各区域、断面富余电力信息，全网、各区域、断面富余电力分布情况、弃水弃风弃光预警信息。

（3）模块功能。自动读取水风光互补调度计划、断面和电网相关约束实时查询、阈值等参数设置、计算、保存、导出和图表转换功能。

3. 弃水弃风弃光预警及策略调整模块

通过富余电力分析模块针对出现预警的区域、断面进行弃水弃风弃光策略分析，动态负荷调整，在保证不影响电网稳定运行的基础上按照相关调整原则进行策略调整，减少弃水弃风弃光损失，实现全网、各区域经济调度，并对调整策略进行风险评估，供决策抉择。

（1）输入数据。弃水弃风弃光信息、最新风光出力和来水信息、策略调整原则、决策者风险态度。

（2）输出数据。调整策略、最新水风光互补调度计划、调度策略风险信息。

（3）模块功能。需要调整策略的区域查询和导入功能、最新风光出力和来水信息查询功能、参数设置、计算、保存、导出和图表转换功能。

5.2.4 水库群智能优化调度

水库群智能优化调度主要基于历史流域风光出力、水雨情和水风光电站运行数据，利用大数据等技术，挖掘特性和规律，积累知识和经验，建立水风光互补调度专家知识库。编制计划时，能够广泛收集影响水风光互补调度运行的各类因子，掌握其影响机理，深入分析水风光互补调度的各业务场景，利用云计算、人工智能等技术，实现根据面临场景的水风光互补调度方案的自动拟定和推荐。调度运行中，能够监视风光出力、库群来水、发电和电力交易等信息，跟踪评估计划的执行情况，进行水风光出力的动态校核，水风光互补运行的经济性以及风险的量化识别和预警等，自动提出推荐的调整方案，实现水风光互补调度方案敏捷响应、随需迭代。

1. 基于历史信息的数据挖掘专家知识库建设

基于历史来水、水库运行、风光出力、电网消纳数据，利用大数据技术，采用数据挖掘关联分析、聚类等算法，分析并掌握流域水风光运行特性、不同流域梯级之间和流域上下游水库之间的水力补偿特性、水力和电力之间相互影响机理，建立专家知识库，建立不同场景下的运行策略集。建立水风光出力统计分析和评价指标体系，采用大数据对西南地区各流域多年历史运行情况进行统计分析、相关分析、仿真分析，实现对全流域时空互补特性滚动分析。

2. 运行场景的智能识别和方案推荐

一方面可以基于流域来水、水库运用、风光出力和发电运行历史相似场景，推荐和提供历史运行案例及其评价信息。另一方面能够全面和灵敏感知各调度运行影响因子信息及其变动情况，实现运行场景和运行策略的自动匹配，自动提出推荐运行方案及其风险、敏感性分析评价。

3. 水风光出力动态校核

对发电计划和交易结果进行校核，剔除全网水力关系不匹配、上下游水库水量不平衡等结果，促进水库群梯级之间和梯级上下游的水电站水库运用和水风光互补运行协调，充分发挥水风光发电能力对电网的支撑作用，实现水风光发电效益最大化和清洁能源资源充分利用。

4. 运行跟踪与智能评估修正

跟踪电网运行、来水变化、风光出力、动态评估水库和电网的运行指标，包括计划电量（水量）执行完成进度和偏差情况，耗水率、弃水量和调峰弃水电量等经济指标；根据预测风光出力和来水以及水风光出力计划，进行运行趋势预测；根据前述的跟踪评估和趋势预测情况，根据需要对水风光互补调度方案进行智能修正，包括根据当前运行情势和运行目标，自动选择匹配的优化模型或仿真模型对方案进行滚动修订，实现对当前运行状况和未来情势的全面和定量掌握，支撑水风光互补电站安全经济运行。

水库群智能优化调度主要包括专家知识库模块、运行场景智能识别模块、方案评价与推荐模块、水风光出力数据动态校核模块、电站运行跟踪与趋势分析模块、方案智能调整模块6个模块，组成如图5-5所示。

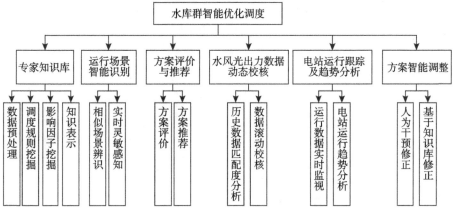

图5-5 水风光互补调度功能模块

5.2.5 水电跨省跨区全时空优化决策

目前我国跨省跨区的电网规模日益扩大，各区域间电网互联的特性明显，区域内外的互联关系日益密切，同时，跨省跨区水风光与火电、储能等电源间的协调互补关系，水风光与跨省跨区的电网间的协同调度关系，这些关系均十分复杂，涉及发电、输电到用电的全过程环节。为了进一步提高清洁能源消纳水平，需要研究和分析水风光互补运行消纳过程中涉及的全方面信息，对多源信息进行跟踪和评估，并且建立协调不同时间尺度、不同空间分布的全时空优化决策模型，理清消纳过程中发用电相关需求，为水风光清洁能源外送消纳提供技术支持。通过研究西南地区的水风光与其他能源、水风光与互联区域内跨省电网的协同运行策略，构建水风光全时空优化决策模型，对水风光运行消纳做到全过程可跟踪、可预测、可评估，为西南地区水风光消纳提供技术支持，满足我国电力资源大范围优化配置的需要。水电跨省跨区全时空优化决策服务功能划分为三大块，包括信息融合服务、优化决策服务和消纳评估服务。其功能结构如图 5-6 所示。

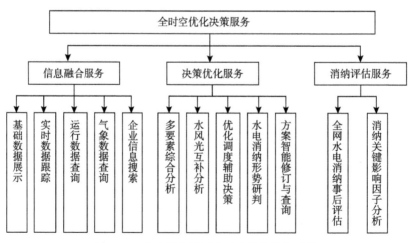

图 5-6 水电跨省跨区全时空优化服务功能

1. 信息融合服务

对水风光运行消纳过程中所涉及信息，如已有的调度计划、交易等系统数据信息进行融合，同时通过调度云等平台对接气象服务信息、发电企业信息、互联跨区电网信息，构建水风光消纳全过程信息要素融合场景，提供发、输、用电数据的展示、查询、跟踪等服务，直观展示西南地区水风光消纳的过程及需求。全时空优化决策服务的关键步骤是信息的融合，本模块功能将各系统数据进行采集汇总，并收集保存气象信息、发电侧企业信息、受电区域公司信息，提供与消纳分析相关的基础数据展示、实时数据跟踪、运行数据查询、气象数据查询、企业信息搜索等功能，为全时空优化决策提供数据支撑服务。

2. 决策优化服务

构建水风光全时空优化调度模型，对气象及水情变化、电网负荷变化、水风光发送电需求进行综合分析研究，基于纵向各专业技术决策结果，对全网水风光互补消纳过程进行一体化分层分区展示，充分反映水风光互补消纳过程，为水风光运行和消纳提供决策支持和服务。优化决策是全时空优化决策的核心功能，提供基于多要素的综合分析，实现基于电网调度运行的水风光互补调度、全网消纳方案优化等辅助决策功能，同时提供与消纳优化决策方案相关的方案管理功能，包括方案发布和方案查询。

3. 消纳评估服务

集成现有调度、计划、交易等专业供用电负荷预测、富余电量分析、通道输送能力、外送电量以及各能源消纳策略等相关结果，综合并分析全网、各省网在不同时间尺度的水风光清洁能源消纳情况，包括年、季、月、周、日等。同时，统计分析全网、流域梯级、水风光电站等不同层次的水风光互补消纳情况，对全网水风光互补消纳分析成果进行事后评估分析，采用人工智能分析方法对消纳情况进行模拟推演，可进行用电、来水等可变因素不同变化水平的灵敏性分析，为提高水风光互补消纳水平提供技术分析工具。消纳评估是对水风光互补消纳过程的方案后评估和预测分析评估，通过提供全区域内的富余电量分析计算、消纳方案影响因子分析，对历史水风光消纳运行过程进行评估、对水风光互补消纳方案进行跟踪评测，从而对西南区域的水风光互补消纳策略有直观评价，为水风光互补外送消纳提供技术支持。

5.2.6　水电运行智能统计分析

基于水电调度业务实际需要，构建具有可视化的报表查询、分析和设计功能的水电运行智能报表系统。对不同的报表需求，不仅可以进行标准报表的设计和生成，用户还可以灵活简单地利用此工具，根据其逻辑定义创建新的统计规则和报表生成方式，以满足正确的数据需求。该系统应能支持多数据源，使用户能够方便地从 Oracle、达梦等关系数据库及 csv、txt 等文件抽取数据，包括支持多种在线的 API 接入数据，为专业的数据分析提供数据支撑；报表系统应具备强大的透视功能，通过系统报表设计器，简单灵活设计所需报表，实现各种业务主题分析、数据填报等功能，智能生成各种所需的业务报表，并以丰富的图表展现。

水风光运行智能统计分析系统具有统计分析报表功能。主要功能包括查看、打印固定格式的报表；实现动态报表功能，用户可在报表内修改时间进行任选时段的动态计算；提供报表计算功能和编辑功能，用户可方便快速地自行修改和编辑报表；报表的数据可源于实时数据、历史数据、应用数据、人工输入及其他报表输出；数据库中数据的改变自动反映在报表中，生成新的报表；每次生成的报表均可以保存；根据报表内容能生成折线图、柱状图等图形。

水风光运行智能统计分析系统基于智能报表系统开发，利用系统提供的报表工具，用户可以进行参数配置以实现各种报表设计工作，无须编写程序代码。根据业务部门的需要，生成的报表实例能够以折线图、柱状图、饼图等多种视图方式展示给用户，在对文档进行数据填充和修饰后，形成用户所需要的报表。此外，还具备以下功能。

（1）流程化处理。报表生成后，系统可提供报表审批流程的自动化处理，通过与相关业务信息系统的接口自动上传、送审相关报表，形成审批、反馈、修改、再反馈的流程化处理机制。

（2）报表的固化和存档。系统可将常用的报表固化和存档，形成标准的模板样式和历史资料，方便用户日后查询和使用，减少用户的工作量，提高使用效率。

（3）结构化文档。实现结构化文档模块，将常用的办公 Word 文档中的数据根据时间节点进行提取，从而更新文档中的数据以及图形。实现简单的一键替换，提升工作效率、减少文档制作工作量，并保留对文档编辑的功能。

（4）固定文档定制。能制作水情简报、蓄水快报、中小洪水调度方案、月来水预报简报、年来水预报简报、中期气象水文简报等，固定文档能读取系统中的数据。

5.2.7　水电运行全景展示

1. 全景展示框架

西南地区水电智慧服务平台全景展示框架包括：水风光发电消纳能力全景展示、水风光互补调度全景展示、水风光全时空优化决策全景展示、水风光运行智能统计分析全景展示和长江上游水情监测电子沙盘全景展示等，实现水风光互补运行的全方位展示，支持以下方面展示。

（1）数据展示方面，实现集成数据的表格、过程线展示，以详细展示数据过程、历史同期环比情况、相关统计值等为主。

（2）对象综合展示方面，以水电站、风电和光伏场站、清洁能源、电网通道为对象，展示对象所属的各项运行和监测数据，以直观、全面反映对象生产运行实况。

（3）关联或相关数据展示方面，对存在关联关系（如水电站流量、水位、出力，光伏电站的辐照度和出力，风电场的风力和出力）或相关关系数据（如同一流域或区域的降雨、流量）的集中展示，满足数据深度挖掘、规律分析、总结分析需求。

（4）面向业务主题的数据展示方面，结合不同的业务实现区域电力电量平衡情况展示，弃水、弃风、弃光信息展示，计划和实际运行对比展示等。

（5）在监视方面，实现数据异常预警及展示、处理，对系统运行状态进行监视，定位错误位置并进行预警或修复，提供运行及错误日志，并对异常事件进行报警。

2. 数据表现方式

界面实现方式主要分为两大类，分别是展示重点关注项的全景智慧大屏画面和展示具体数据的详细数据分屏画面。

智慧大屏画面基于数据实时渲染技术，利用各种技术从大规模数据通过本系统实现云数据实时图形可视化、场景化以及实时交互，让使用者更加方便地进行数据的个性化管理与使用。

数据分屏画面基于各种数据可视化图表展现各类详细的指标。主要包括以下各类。

（1）柱状图。展示多个分类的数据变化和同类别各变量之间的比较情况。

（2）条形图。适用于类别名称过长，将有大量空白位置标示每个类别的名称。

（3）折线图、面积图。展示数据随时间或有序类别的波动情况的趋势变化。

（4）散点图、气泡图。用于发现各变量之间的关系。

（5）饼图。用来展示各类别占比（如比例）。

（6）地图、区域图。用颜色的深浅展示区域范围的数值大小。

（7）雷达图。将多个分类的数据量映射到坐标轴上，对比某项目不同属性的特点。

（8）漏斗图。用梯形面积表示某个环节业务量与上一个环节之间的差异。

5.3 建设愿景及预期成效

未来，西南分部将以公司建设具有"中国特色国际领先的能源互联网企业"战略目标为导引，利用和挖掘西南电网和地区资源优势，通过研究和探索"大云物移智链"等新技术在调度领域的深化应用，以西南地区水电智慧服务平台、源网荷储多级电网动态平衡调控系统、西南电网调度智能巡航系统等重点任务建设为抓手，推动公司战略目标在西南落地落实。

5.3.1　实现途径

为深入践行新发展理念，服务美丽中国、数字中国、网络强国建设，推动我国能源电力产业基础高级化、产业链现代化，构建合作共赢水电产业生态，促进清洁能源相关产业链水平提升，西南分部拟通过加快新一代信息技术和水电运行消纳业务高度融合，结合区域内各单位数字新基建工程建设，发挥公司集能源生产、传输和消费于一体的平台优势，通过共建共享，促进区域内水电运行消纳关联企业、上下游产业、中小微企业共同发展，充分发挥央企引领带动作用，促进地方社会经济发展。

（1）全要素汇集，打造国内外规模最大、高效便捷的水电运行信息交互平台。

与信息技术深度融合，提高水电全方位感知能力。通过建设水电智慧服务平台，实现水电各相关部门、单位间信息的互联互通、共享共用；实现政府、发电企业、电网公司以及相关单位之间按需共享信息，运行信息同步感知，信息流通高效快捷，工作效率大幅提升；面向政府部门、发电企业和相关电力客户搭建国内外规模最大，高效便捷的水电运行信息共享平台，提供发电决策服务，实现水电在全国范围内消纳，减少弃水，提高水能利用率。

（2）全过程优化，实现世界先进的跨省跨流域水电资源智慧调度技术。

深度应用物联网、云计算、大数据、人工智能、移动互联等技术，感知水电运行情况，采用大数据分析，挖掘数据潜在价值。实现自主学习、自我决策，实现多流域、多目标智能协同调度。采用人工智能决策等方法，实现水库调度长中短期全过程优化，实现跨流域、跨区域智能调度和水库调度方案迭代优化。实现技术突破和管理创新，建设一流现代水电管理体系。

（3）全地域整合，实现世界先进的多源多网统筹协调技术。

基于大数据、云平台技术，实现多源、多网信息高效整合，开展多方实时协同调度，实现水电与其他电源、水电送受端需求实时感知、自动匹配、智能决策。完善清洁能源预测方法，提高清洁能源发电功率预测水平，建立覆盖全区域的中长期与短期相结合的发电预测预报体系。完善跨区域配置清洁能源电力的技术支撑体系，实现送端清洁能源电力生产、受端地区负荷以及通道输电能力的智能化匹配及灵活调配。实现多源多网互补调度，充分发挥大电网统筹互济作用，实现西南水电在全国范围内消纳，实现水电消纳技术水平新突破，达到世界先进水平。

（4）全主体参与，打造世界先进的水电能源生态圈服务平台。

以四川水电高效优质开发利用为目标，通过水电全产业链全要素的汇集和业务高度融合，提供多样化、定制化服务。为科学开发利用水电和电网规划提供参考依据，促进清洁能源有序发展。为水电发电企业、综合能源服务商提供水电开发、能效诊断等多样化服务。消除行业壁垒，以市场为导向，以服务为载体，创新商业模式，培育新业务，提升西南地区水电开发利用，助力精准脱贫，造福地方社会经济发展。以水电智慧服务平台为依托，实现政府、电网公司、发电企业、售电企业全主体参与，提高智能交互能力，实现共生共赢，形成以水电为核心的全产业链协调发展的能源互联网生态圈，如图5-7所示。

图5-7 具有水电特色的清洁能源互联生态圈

5.3.2　实现方法

（1）应有尽有。全面汇集水雨情、电力生产、输电线路、重要断面、市场营销、外送交易等信息，实现西南地区气象、水利、电力行业各类上下游信息全覆盖。

（2）应享尽享。统一数据模型标准，简化信息采集和录入流程，提升数据查询和读取效率，实现海量数据在公司内部和跨部门按需共享共用。

（3）应能尽能。面向公司内部、政府部门、发电企业、综合能源服务商，提供优化调度、决策支持、交易撮合、能效诊断等多样化服务，满足水电运行各项业务开展需求。

（4）应慧尽慧。提高水电行业智慧化水平，实现多能互补协调运行，提供源网荷储整体优化方案，实现数据采集自动化、方案分析智能化、运行决策智慧化，全方位、全过程提升水能利用及运行管理能效。如图 5 - 8 所示。

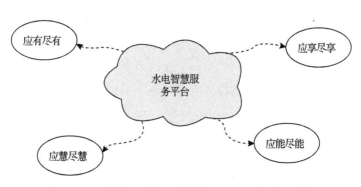

图 5 - 8　西南地区水电智慧服务平台实现方法示意图

5.3.3　预期成效

（1）构建国内外规模最大的水电智慧服务大平台。深化应用能源互联网理念，搭建国内外规模最大的水电智慧服务大平台，形成涵盖政府部门、终端客户、水电产业链上下游的智慧能源综合服务平台。

（2）培育水电全产业链数据共享合一的新业态。全面融合广泛服务要求，创建水电生产运行、调度管理、数据分析共享合一的水电运行及管理新业态。

（3）研究世界先进的多目标多流域水电优化决策技术。深化应用人工智能、大数据分析、云计算、区块链等新技术，探索水电运行管理新技术。引入定量分析、自主学习、智能决策等新方法，实现多目标多流域水电实时优化运行决策技术达到世界先进水平。

（4）建立世界先进的大型清洁能源基地调度管理新机制。积极探索大规模梯级水电群跨流域、跨省、跨行业优化协调模式，创新水风光等各类清洁能源综合优化运行管理方式，构建支撑西南地区大型清洁能源基地调度运行管理的新机制。如图 5–9 所示。

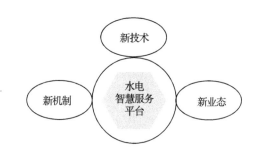

图 5–9　西南地区水电智慧服务平台预期成效示意图

5.3.4　未来场景

西南地区水电智慧服务平台立足西南、面向全国，为水电全产业链开发提供有力的技术支持，实现水电行业上下游协调发展的能源互联网生态圈。主要开展以下三个方面的工作。

1. 全景化展示

全景化展示水风光运行消纳各类信息；开展基于 GIS 技术的西南流域全貌、场站分布、电网分布等静态数据的全景化展示；深度融合水文气象信息，进行水风光发电能力、水风光互补调度、重要输送通道利用等信息的动态展示；对水风光实时运行消纳、弃水弃风弃光预警等信息进行可视化展示；根据业务需要进行定制化展示；探索语音识别、人工智能、三维影像等技术在信息展示方面的应用，实现信息的智能化处理和识别；实现长江上游电子沙盘—大屏智能交互展示。

2. 交互式服务

通过全业务在线协同和全流程贯通，实现共性业务需求敏捷响应、需求迭代、达到多方共赢的目标；探索信息共享模式（如流域水风光互补调度发电计划共享），引导发电企业参与市场交易，推动水风光互补调度应用服务功能在全国范围内推广。

3. 新业态培育

探索开展水风光清洁能源承载力评估和运行消纳深度分析，为电网、电源规划和建设提供决策支撑，引导用户用能行为和规划建设，为政府提供水风光互补消纳政策制定依据，推动行业持续健康发展，打造绿色、低碳、共赢的水风光清洁能源互联网生态圈。

西南电网清洁能源智慧服务平台未来的主要应用场景可归纳为以下五个方面。

未来场景1：高效便捷的信息交互平台。西南分部各部门之间、分部与地方政府、发电企业、区内省公司、跨区电网之间按需共享信息，运行信息同步感知，信息流通高效快捷，工作效率大幅提升。发电企业可获得定制化的信息服务，如风电发电信息、光伏发电信息、梯级上游水电或其他流域水电发电信息、电网重要输送断面的检修安排、跨区跨省安排等，电网公司可及时获得送受端需求。搭建长江上游电子沙盘—大屏智能交互式展示。

未来场景2：多流域智慧调度。深度应用物联网、云计算、大数据、人工智能、移动互联等技术，全面感知流域运行，采用大数据关联分析，发现数据集中隐含的关联关系，分析流域来水和水风光发电能力变化。通过聚类分析，把数据按照相似性归纳成若干类别，对未来流域运行特征进行预测，通过时间序列搜索出水风光发电能力重复发生概率较高的事件，能够实现自主学习、自我决策，实现多流域、多目标智能协同调度。

未来场景 3：多源、多网统筹协调。基于调控云平台多源、多网信息高效整合，可开展多方实时协同调度，实现水风光与其他电源、水风光送受端需求实时感知、自动匹配、智能决策。如西南可根据西北新能源资源变动情况，实现西南西北跨区水风光互济，可根据华中华东甚至是华北用电需求，实现跨区调峰辅助服务，实现多源多网互补调度，充分发挥大电网互济作用，促进西南电网水风光清洁能源互补调度和统筹消纳。

未来场景 4：水风光清洁能源生态圈。以西南水风光清洁能源高效优质开发利用为目标，通过水风光全产业链全要素的汇集和业务高度融合，打造水风光清洁能源生态圈，提供多样化服务。面向公司内部，促进水电消纳、提升水电调度管理水平，为电网规划提供参考；面向政府部门，提供水电开发利用政策制定依据，促进清洁能源有序发展；面向发电企业、综合能源服务商，提供水电开发、能效诊断等多样化服务。

未来场景 5：长江上游智能交互电子沙盘系统。通过数字模拟技术，对长江上游流域地理分布、地形地貌、水风光电站分布、梯级水力联系、水雨情信息等静态类信息进行 1：1 的电子模型，构建长江全流域的虚拟场景。实现长江上游流域水情气象趋势变化模拟和推演展示。实现长江上游流域水情气象异常及灾害模拟和再现展示。实现长江上游流域水风光互补调度方案统一会商，大幅提升长江流域水风光互补调度水平。

第6章

西南电网水风光互补调度应用

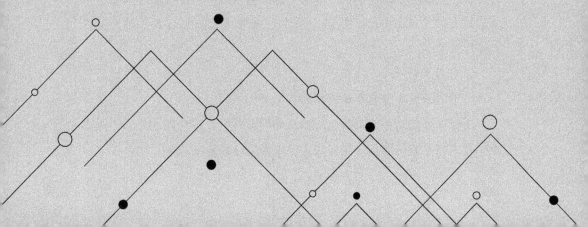

6.1 水风光互补调度消纳分析工具包

为最大程度利用水风光资源，实现资源优化配置，研究开发了水风光互补调度消纳分析工具包。根据不同地区清洁能源资源特性，通过水风光互补协调运行，在优先保障新能源全额消纳的基础上，对水电消纳能力进行全周期分析评估，及时准确掌握水电消纳富余情况，为采取有效措施减少弃水提供可靠的决策依据。

6.1.1 评估指标

根据《水能利用率计算导则》和《流域梯级工程特性及运行情况资料报表（试行）》（国能发新能〔2017〕4 号）、《关于促进西南地区水电消纳的通知》（发改运行〔2017〕1830 号）、《解决弃水弃风弃光问题实施方案》（发改能源〔2017〕1942 号）、《水电厂调峰弃水损失电量计算办法（试行）》（国电调〔2001〕161 号）、《水电节水增发电评价管理办法（试行）》（调水〔2007〕253 号）等文件提出水能利用率评价指标，包括理论电量、径流可发电量、受阻电量等。

1. 理论电量

理论电量是根据实际来水情况，以审定的水电站设计特征参数和运行方式，按日历年进行模拟计算得到的电量结果。理论电量计算方法与水库调度图（季调节能力及以上水库）或考核水位（日调节能力及以下水库）有关。

（1）相关数据。

理论电量计算需要准备的数据有四类。

①水库及电站特征参数，包括水库调节性能、正常蓄水位、汛限水位、死水位、装机容量、保证出力、水库综合用水要求等。

②水库及电站基本资料，包括水库库容曲线、水库蓄能曲线、尾水位～流量关系曲线、机组预想出力曲线、水库调度图等。

③水库及电站能量指标，包括电站综合出力系数（K）、弃水期水电厂发电负荷率（γ）及径流式电站考核水位等。

④水库及电站运行数据，包括评价期内的期初、期末水位，逐日入库流量，逐日发电量等。

（2）计算思路。

①季调节及以上水库，汛期以日为时段，非汛期以旬为时段进行计算，按调度图操作进行计算。单时段计算过程，首先，电站按时段初水位在调度图中位置指示的出力发电，根据实际入库来水计算时段末水位；其次，判别时段末水位低于最低或高于最高限制水位时，令时段末水位等于限制的水位，按实际可用水量来发电。

②针对日调节及以下水库，以日为时段，水库按照核定水位运行，即有多少水发多少电，在考虑日负荷的满发后多余的水量为弃水。

2. 日径流可发电量

日径流可发电量指在日实际水位及入库来水条件下，扣除水库库区综合引用水和水库蓄泄水量（可正可负）后，剩余水量全部按照所有机组可用情况进行发电时的电量。

（1）相关数据。

日径流可发电电量计算所需资料包括：水库运行资料，包括日均入库流量、水库时段初和时段末水位、平均尾水位等；机组基本资料及运行顺序，包括电站实际水头耗水率曲线、机组预想出力曲线、机组流量特性曲线和机组投运优先顺序等。

（2）计算公式。

日径流电量按日进行计算：

$$E_r = \frac{(Q_r - Q_z) \times 24 \times 3600}{\varepsilon}$$

式中，E_r 为日径流电量；Q_r、Q_z 为分别水库日均入库流量和综合引水流量；ε 为水电站在统计时段平均水位下的发电耗水率。

日径流可发电量：

$$E_m = \sum_{i=1}^{I} N_i(h) \times 24$$

$$E_k = \min\{E_r, E_m\}$$

式中，E_m、E_k 分别为日机组满发电量和日径流可发电量；$N_i(h)$ 为 i 机组的预想出力［与水库时段发电平均水头 h 有关，当 $N_i(h)$ 大于机组 i 额定容量 A_i 时，令 $N_i(h) = A_i$，下同］。

3. 受阻电量

受阻电量指各种原因导致的水库水量从泄水闸溢流的水量的折算电量。从成因上可划分为机组检修受阻电量、输电阻塞受阻电量、水头受阻电量、市场原因受阻电量和装机受阻电量。

（1）相关数据。

①水电站机组特征参数和曲线数据，包括机组台数、单机容量、机组预想出力曲线等。

②水电站水库运行结果，包括逐小时的弃水流量、综合利用流量、电站发电耗水率、电站平均有功出力、平均发电水头，以及各机组不同时刻的运行状态。

③系统运行的边界约束，包括线路输送限额、电站装机容量、电站所在电网的负荷高峰时刻等。

（2）计算公式。

根据受阻电量成因和水电站弃水量的大小进行设计和划分，全面反映水电站未满发情况下的受阻情况。一般是以小时为时段进行计算，按日进行统计。

①总受阻电量。

某时段电站总受阻电量指未能按照额定装机容量发电的差额电量，与时段弃水水量的折算电量比较，取二者中较小值为时段总受阻电量。时段总受阻电量的计算方法如下：

$$E = \min\{E_q, E_{lq}\}$$

$$E_q = \frac{W_q}{\varepsilon}$$

$$E_{l_q} = A \times \Delta t - \bar{E}$$

式中，E 为时段总受阻电量；E_q 为时段弃水水量折算受阻电量；E_{l_q} 为时段电站理论最大受阻电量；W_q 为时段弃水水量；A 为电站总装机容量；Δt 为时段小时数 h；$\bar{E}$ 为时段实际发电量。

②机组检修受阻电量。

由于机组检修原因无法按预想出力发电导致弃水，时段机组检修受阻电量为机组检修损失电量和弃水折算电量取二者中较小值。计算公式如下：

$$E_j = \min\{E_q, E_{lj}\}$$

$$E_{lj} = \frac{\sum_{t=1}^{60} \sum_{i=1}^{I} S_{i,t} [A_i - N_i(h)]}{60} \times \Delta t$$

$$S_{i,t} = \begin{cases} 1 & \text{机组 } i \text{ 在第 } t \text{ 分钟时段处于检修状态} \\ 0 & \text{机组处于其他状态} \end{cases}$$

式中，E_j 为时段检修受阻电量；E_{lj} 为机组检修理论最大受阻电量；$S_{i,t}$ 为 i 机组第 t 分钟的状态。

③输电阻塞受阻电量。

水电站时段输电受阻电量指由于电网输电限额原因，导致电站可用机组不能按照预想出力发电而受阻。输电受阻电量计算如下：

$$E_l = \min\{E_q - E_j, E_{lu}\}$$

$$E_{lu} = \left(\frac{\sum_{t=1}^{60} \sum_{i=1}^{I} S_{i,t} N_i(h)}{60} - L \right) \times \Delta t$$

式中，E_l 为时段输电受阻电量；E_{lu} 为可用机组理论最大受阻电量（当 $E_{lu} < 0$ 时，令 $E_{lu} = 0$）；L 为电站线路输送限额（当几个电站共用同一线路时，输送限额按电站装机容量比例进行分配）。

④水头受阻电量。

由于发电水头小于机组发电额定水头，导致机组无法按额定出力发电而导致弃水受阻的电量。水头受阻电量的计算方法如下：

$$E_h = \min\{E_q - E_j - E_l, E_{lh}\}$$

$$E_{lh} = \left[A - \sum_{i=1}^{I} N_i(h) \right] \times \Delta t$$

式中，E_h 为时段水头受阻电量；E_{lh} 为时段水头理论最大受阻电量。

⑤市场原因受阻电量。

由于电网为满足电力电量平衡需要（含调峰弃水），限制水电站发电出力而导致弃水受阻的电量，即扣除水电站检修、线路输送限额受阻后，其余的受阻电量归结为市场原因受阻电量。市场原因受阻电量计算方法如下：

$$E_s = E_q - E_j - E_l - E_h$$

式中，E_s 为时段市场原因受阻出力。

导致市场需求受阻出力原因众多，可进一步从中划分出调峰弃水受阻电量。调峰弃水受阻电量计算，假定电网负荷高峰时刻电站的出力为 $N_{\max}$，则时段调峰弃水受阻电量为：

$$E_z = \min\{E_q - E_j - E_l - E_h, E_{zf}\}$$

$$E_{zf} = \left[N_{\max} - \frac{\sum_{t=1}^{60} \sum_{i=1}^{I} S_{i,t} N_i(h)}{60} \right] \times \Delta t$$

式中，E_{zf} 为调峰弃水受阻电量（$E_{zf} < 0$ 时，令 $E_{zf} = 0$）。

6.1.2 水电发电能力计算

对区域水电站在一段时间内（日前、周、旬、月度、季度、年度）的发电能力进行评估，根据预测来水（包括不同频率分析）、水库及水电站综合利用等约束条件，进行水电可发电量预测计算，并支持给予历史数据的回算功能。当前主要考虑月、旬时间尺度（日调节及以下水库为日）的水电发电能力计算。

1. 计算参数及输入

（1）参数及约束。

水库运行边界默认的下限水位为死水位，默认的上限水位为正常高水位或汛限水位（取小值）；不考虑日负荷率、机组检修计划及电网输送限额约束；考虑电站不同机组投运时间的影响；水库最小出库流量不能小于最小航运或生态流量（要求可干预）；电站最小出力不能低于电站最小保证出力（要求可干预）。

（2）入库（区间）来水输入。

分两个来源提取：预报入库来水提取，从来水预报中提取推荐的预报成果作为发电能力计算的来水输入；入库来水经验频率提取，可设定75%、50%、25%的经验频率，按照同倍比缩放方法确定计算期入库来水。

特殊处理：当某水库既无入库来水预报，也无长序列径流资料，无法支撑频率分析提取时，可根据相邻流域或上游水库的成果，按照流域面积比方法确定该水库入库来水。

（3）计算依据输入。

计算依据可在综合出力系数 K 值和电站水头耗水率曲线中进行选择（要求可配置）；汛限水位和日调节及以下水库核定运行水位按旬进行考虑输入。

2. 计算方法

计算方法按调节性能不同分为如下情况。

（1）季调节能力及以上水库，水电站发电能力计算针对季调节能力及以上水库采用调度图的方法进行计算，即在水库调度图上按时段初水位控制原则，根据时段初水位在调度图中的位置决定本时段的出力，按无弃水原则反算电站出力，并考虑，当时段末水位超过最高水位时，按最高水位进行控制，全部水量用来发电；当水位低于最低水位时，按最低水位进行控制安排发电。

（2）季调节能力以下水库按核定水位运行，考虑库容差水量，按水量平衡模式计算出库流量，将全部出库流量（综合用水除外）用来发电，多余水量为弃水。计算流程如图6-1所示。

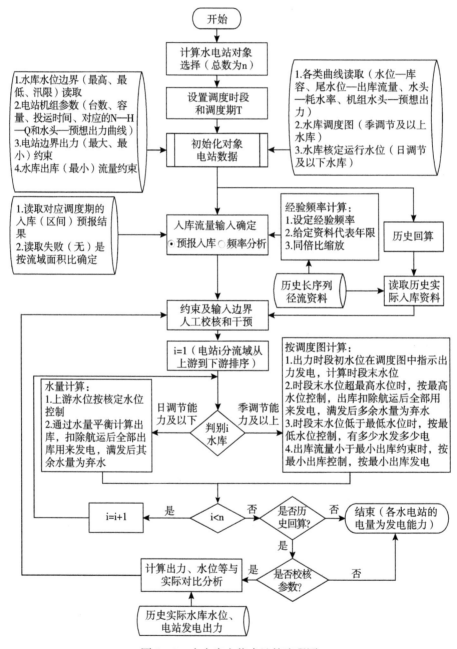

图6-1 水电发电能力计算流程图

3. 历史回算

基于历史数据的回算原理与方法和前文相同，只是计算所采用的数据均为历史数据，以验证发电能力设置的参数是否合理。具体回算计算步骤如下。

步骤1：设定回算开始时间、结束时间、计算时段。

步骤2：选择回算计算电站对象。

步骤3：提取对应开始时间和结束时间的实际历史数据，包括水库水位过程、电站尾水位过程、电站出力过程、发电流量过程和实际发电耗水率。

步骤4：根据前期设定好的计算依据，按照如下方法计算 t 时段的出力过程。

根据综合出力系数计算：

$$P_t = KQ_tH_t$$

根据电站水头耗水率计算：

$$P_t = \frac{Q_t \times 3600}{\omega(H_t)}$$

式中，P_t 为电站回算出力（kW）；K 为综合出力系数；Q_t 为电站实际发电流量（m^3/s）；H_t 为电站发电水头，为上游水位时段平均值减去尾水位平均值（m）；$\omega(H_t)$ 为电站对应于 H_t 时的发电耗水率（m^3/kWh）。

步骤5：比较电站回算出力（电量）和实际电站出力（电量），统计累计误差和相对值、绝对值误差。

步骤6：根据误差统计判别发电能力计算的合理性，决定计算参数是否合理。

步骤7：如不合理，则全面对比实际值与各计算边界及约束是否合理，包括最高水位（含汛限水位）、最低水位、最大出力、最小出力、最小出库和综合出力系数或水头耗水率。

步骤8：针对不合理的参数进行调整，返回步骤1，直至计算结果相对合理。

6.1.3 水电消纳能力计算

依据水电站发电能力估算结果，结合电网负荷水平、输送通道限制、电网安全约束、电网内其他电源出力（主要考虑火电、风电、光伏发电）计划等条件，实现对电网消纳水电出力、电量的定量评估。

1. 水电消纳边界处理

（1）计算时段。

以 15 分钟为计算时段、按日进行划分、按旬进行统计的方法计算，即：日内计算按照 15 分钟一个点展开计算，月度及以上的计算建议采用水量平衡计算办法进行测算；以日内 96 点日典型负荷进行计算；各日划分为节假日、工作日两种，日典型负荷各有不同；结果按旬进行统计展示。

（2）计算断面。

要根据电网的网架结构和供电区域进行计算断面划分（要求可配置），并考虑电源分布及线路多级嵌套问题。在设计与开发上采用递归方法建立树状的断面图，如图 6-2 所示。

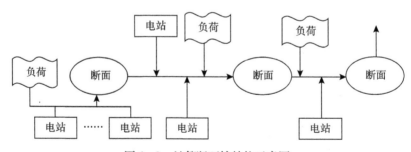

图 6-2　计算断面按结构示意图

在计算时，应该从断面 1（最底层）逐级往上计算，计算上级断面时，下级断面可认为是一个等效电站。

（3）典型负荷。

水电消纳计算是基于负荷需求的基础进行计算的，负荷包括本地负荷计划和对外购售电计划，其中外购售电计划为固定值（可人工修改），本地负荷利用去年同期负荷曲线图，结合负荷增长率，采用同倍比放大方法形成典型负荷曲线，并按电量平均方法分解到日 96 点（分为工作日和节假日），典型曲线可修改。

（4）火电最小技术出力计划。

默认值取去年同期的最小值 $N_{i,t}^{\min}$，可人工调整和存储，当该区域水电消纳电力电量平衡无法满足负荷需求时，能给出加大火电最小技术出力提示并自动加大。

$$N_{i,t}^{\min} = \begin{cases} N_{i,t}^{\min} & \max\left[\sum_{j=1}^{J} P_{i,j}(t)\right] + N_{i,t}^{\min} \geq \max\left[L_i(t) - L_i^{out}(t)\right] \\ \max\left[L_i(t) - L_i^{out}(t)\right] - \max\left[\sum_{j=1}^{J} P_{i,j}(t)\right] & else \end{cases}$$

考虑到实际算法中，火电自动加大认为至满足电力电量平衡即可，实际对水电消纳没有影响，因此暂时不考虑。

（5）新能源出力计划。

新能源出力取去年同期实际出力值乘以装机比例进行放大，并由旬分解到日内 96 点。

2. 计算原理及算法

（1）计算原理。

根据断面划分为不同的供电区域，为解决断面套接问题，在某一区域内，引入了等效水电和等效负荷概念，即等效负荷（L）＝区域负荷＋区域外购售电专线计划－火电最小技术出力－新能源预测出力；等效水电发电能力（P）＝水电发电能力（F）－L，这里的 F 包含了嵌套在其中的 P 加上该区域内水电发电能力累计值。将 P 与该断面限额 S 进行比较。

①当 P 小于等于 0 时，该区域内水电全额消纳，无弃水损失，等效水电发电能力为 0。

②当 P 大于 0 且小于 S 时，则该断面内的水电消纳电量为 L，等效水电发电能力为 P，无断面受阻损失。

③当 P 大于 S 时，则断面等效水电的发电能力为 S，断面内的水电

消纳电量为 L。当该断面为最后一个断面时，则该计算对象的市场受阻损失为 P－S；否则认为该断面内的断面限额损失为 P－S，认为不存在市场需求受阻损失。

当所有断面计算完成后，所有断面的水电消纳电量累计值即为整个计算对象的水电消纳电量，断面限额电量累计值为总的水电限额电量；最后一个断面的市场需求受阻值为全部市场需求受阻。

（2）计算方法。

以日内进行计算，令日内第 t 时段第 K 个消纳计算子区域内电网输送断面出力限额为 Pc_K，该子区域内各水电站叠加后的总水电出力过程为 $F_{t,K}$，等效负荷为 $L_{t,K}$（分节假日和非节假日两种），该区域内套接其他区域的等效水电发电能力为 $Pt_{t,K}$，可消纳水电出力过程为 $Pa_{t,K}$ 其中 $t=1，2，3\ldots，96$，则：

$$Ez_T = \sum_{d=1}^{Td} \sum_{t=1}^{96} Pz_{t,K} \times 0.25$$

$$Pt_{t,K} = \sum_{j=1}^{J_K} P_{t,j} \qquad (j \in K)$$

$$L_{t,K} = Ly_{t,K} - Pn_{t,K} - Ph_{t,K} - Pw_{t,K}$$

式中，$N_{t,i}$ 为属于 K 区域内第 i 个水电站的在 t 时段的发电能力；$P_{t,j}$ 为 K 区域内套接第 j 个区域在 t 时段的等效水电发电能力（没有时为 0）；$Ly_{t,K}$ 为 K 区域 t 时段的负荷需求；$Pn_{t,K}$ 为 K 区域内新能源在 t 时段的计划出力；$Ph_{t,K}$ 为 K 区域内火电在 t 时段的最小出力；$Pw_{t,K}$ 为 K 区域内 t 时段的专线外购售电值，可正可负（购电为正，售电为负）。

①水电消纳出力及电量。

$$Pa_{t,K} = \begin{cases} F_t + Pt_{t,K} & if\ (Pt_{t,K} + F_{t,K} - L_{t,K} \leq 0) \\ L_{t,K} & if\ (Pt_{t,K} + F_{t,K} - L_{t,K} > 0) \end{cases}$$

此时，整个时段的 K 区域的水电消纳电量为：

$$Ex_T = \sum_{d=1}^{Td} \sum_{t=1}^{96} Pa_{t,K} \times 0.25$$

式中，Td 为整个时段的天数。

②水电等效出力。

K 区域的水电等效出力为 $P_{t,K}$ 计算如下：

$$P_{t,K} = \begin{cases} 0 & if\ (Pt_{t,K} + F_{t,K} - L_{t,K} \leq 0) \\ F_{t,K} + Pt_{t,K} - L_{t,K} & if\ (Pc_{t,K} \leq F_{t,K} + Pt_{t,K} - L_{t,K} > 0) \\ Pc_{t,K} & if\ (F_{t,K} + Pt_{t,K} - L_{t,K} > Pc_{t,K}) \end{cases}$$

③输电受阻出力及电量。

K 区域水电输电受阻出力 $Pz_{t,K}$ 计算如下：

$$Pz_{t,K} = \begin{cases} 0 & if\ (P_{t,K} \leq Pc_{t,K}) \\ P_{t,K} - Pc_{t,K} & if\ (P_{t,K} > Pc_{t,K}) \end{cases}$$

此时，整个时段的 K 区域的水电输电受阻电量为：

$$Ez_T = \sum_{d=1}^{Td} \sum_{t=1}^{96} Pz_{t,K} \times 0.25$$

④市场需求受阻出力及电量。

计算到最后一个区域，即最外围的区域，此时才计算市场需求受阻电量，此时不存在输电受阻问题，此时输电受阻出力及电量全部转化为市场需求受阻出力和电量。

（3）计算步骤及流程

步骤1：根据电网结构，以各输送控制断面为节点，从里到外划分水电消纳计算子区域，计算对象区域为最后一个子区域。

步骤2：提取水电发电能力（出力过程、总电量等）数据，旬平均分解到日。

步骤3：提取子区域在相同计算周期内的火电最小技术出力、新能源出力等计划。

步骤4：提取各输送断面约束、电网安全约束、子区域的典型负荷等控制条件。

步骤5：根据消纳计算自区域划分情况，以及水电、火电、新能源等电源所在区域，从里到外依次计算各自区域的水电消纳、断面限额、水电等效出力和市场需求受阻等。

步骤6：统计各自区域的水电消纳、断面限额受阻、市场需求受阻等电量。

3. 水电消纳能力回算

基于水电及其他电源出力历史数据、电网负荷历史数据、输送断面约束数据等，逐区域计算，返回计算结果并与实际值进行比较，并校验断面各类电源送电优先级及送电比例，为后续调整送电比例参数提供参考。

其中，消纳参数校核的主要目的是根据历史数据，计算在给定的历史参数条件下，水电的实际消纳结果，寻找可能存在的不合理参数，为调整同一断面各类电源的送电优先级和送电比例调整提供参考。消纳参数校核计算步骤如下。

步骤1：选定消纳计算子区域 K，选择计算时间段。

步骤2：提取水电发电能力回算结果，提取水电在计算时间段内的实际出力。

步骤3：提取断面各类电源送电比例参数、输送断面约束，及水电外的其他电源在相同时段内的实际出力过程。

步骤4：计算在断面历史参数控制条件下，水电的可消纳空间。

步骤5：比较水电实际发电结果与水电可消纳空间是否匹配，否则调整响应的计算参数。

计算流程如图 6-3 所示。

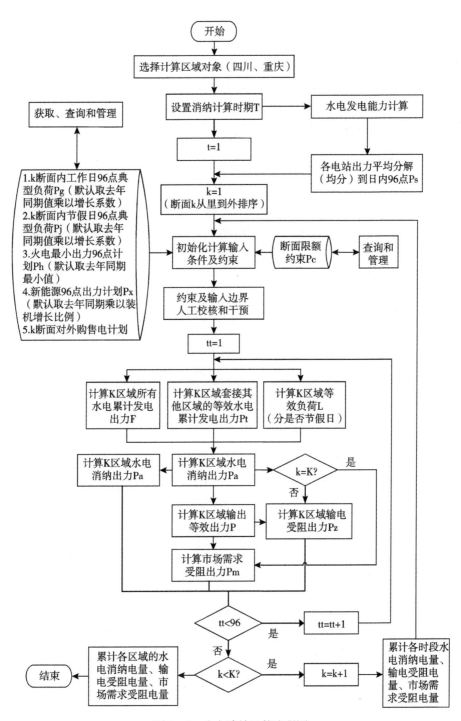

图6-3 水电消纳计算流程图

6.1.4 敏感性分析

为了提高计算结果精确性，需对来水、用电负荷、断面限额、外购售电及新能源装机的敏感性进行分析。

1. 来水敏感性分析

设置旬内不同的来水，兼顾时空分布（不同流域来水），按照相同的断面约束、负荷需求、火电及新能源发电计划等，进行水电消纳能力计算，对不同来水的计算结果进行比较，比较内容包括来水变化量、水电能力电量、消纳电量、输电受阻电量、市场需求受阻电量的数值及变化百分比等。

2. 用电负荷敏感性分析

设置区域不同的日典型负荷，兼顾时空分布（不同区域），按照相同的断面约束、来水过程、火电及新能源发电计划等，进行水电消纳能力计算，对不同用电负荷需求的计算结果进行比较，比较内容包括负荷需求变化量、水电能力电量、消纳电量、输电受阻电量、市场需求受阻电量的数值及变化百分比等。

3. 断面限额敏感性分析

设置旬不同的断面约束（支持批处理，即可同时按一定的增量调整断面限额），按照相同的典型负荷、来水过程、火电及新能源发电计划等，进行水电消纳能力计算，对不同断面约束的计算结果进行比较，比较内容包括断面约束的变化量、水电能力电量、消纳电量、输电受阻电量、市场需求受阻电量的数值及变化百分比等。

4. 外购售电敏感性分析

只考虑到旬，考虑外购售电变化，可分解到日，支持批处理，能兼顾时空分布（不同线路外送曲线），可同步缩放外购电曲线或单独缩放某一断面外购电曲线，以此作为水电消纳计算条件。按照相同的典型负荷、断面约束、来水过程、火电及新能源发电计划等，进行水电消纳能力计算，对不同购售电的计算结果进行比较，比较内容包括外购售电的变化量、水电能力电量、消纳电量、输电受阻电量、市场需求受阻电量的数值及变化百分比等。

5. 新能源装机敏感性分析

支持手动调整新能源由装机容量变化导致的发电计划曲线变化，支持批处理，然后进行水电消纳分析计算。按照相同的典型负荷、断面约束、来水过程、火电发电计划等，进行水电消纳能力计算，对不同新能源发电计划的计算结果进行比较，比较内容包括新能源发电计划的变化量、水电能力电量、消纳电量、输电受阻电量、市场需求受阻电量的数值及变化百分比等。

6.1.5　软件设计

1. 主要功能

软件主要分为电源收集与管理、水电发电能力计算、水电消纳能力计算和敏感性分析四大个模块，辅助模块包括检修计划录入、计划数据录入等功能，如图 6-4 所示。

（1）电源信息收集与管理模块。

获取已投产水电、火电、新能源等装机变化情况并存入水调数据库。增加全网、各省级及主要流域各类已投产电源历史装机容量变化情况的管理维护界面，包括录入、修改、删除、展示及对比分析等。

交互功能包括查询的开始、结束时间可设置，默认为最近 5 年；查询结果可按时间、区域名称、电源名称等进行分类筛选；查询结果可导出 EXCEL 表；编辑状态下可从 EXCEL 表导入相同格式数据。

其画面展示当前时间指定区域不同电源的装机容量饼图或雷达图；当前时间指定电源不同区域的装机容量饼图或雷达图；指定区域、指定电源的装机容量变化时间序列柱状图，并显示增量过程。

（2）水电发电能力计算。

旬、月发电能力预测可统称中长期发电能力预测，在预测对象、输入信息、输出信息、计算方法、交互需求等各方面基本类似，其核心任务均为估算预测期内的最大可发电量，主要区别在于预测期起止时间和

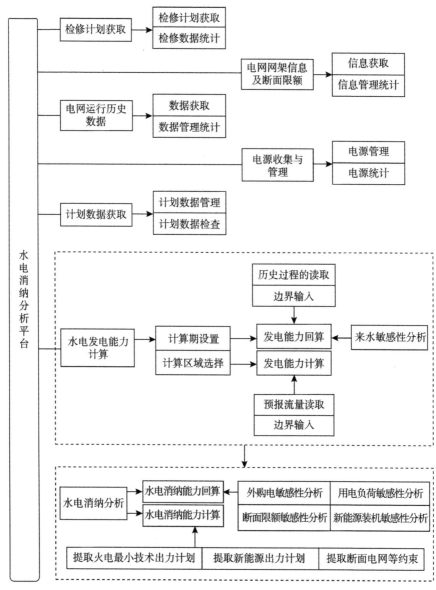

图6-4 水电消纳分析平台软件功能结构图

时段步长。

①输入信息。预测期开始时间、结束时间；预测期初、末水位；入库/区间径流方面默认取对应时段的中长期径流预报结果，若无，则取多年平均流量或者取经验频率流量；各电站机组的预测期初运

行工况（运行、备用、检修、空载、空转）；所在区域的预测期初联络线状态（正常、检修）；各电站综合出力系数 K 值；各电站机组检修计划；各电站联络线检修计划；各电站预测期最高、最低水位；各电站预测期最大、最小出库；各电站预测期最大、最小出力；各电站机组预想出力曲线；各电站综合平均耗水率；各电站水位库容曲线。

②输出信息。水电站群的旬、月最大可发电量和期末总蓄能量；水电站群的旬、月最大发电量可存库（旬—TENDAYSDB，月、季、年—MONTHDB，同时刻以最新结果为准覆盖）；各调度机构直调水电站群的旬、月最大可发电量和期末总蓄能量；各调度机构直调水电站群的周、月、季、年最大可发电量同比、环比分析（增量、增幅）。

③计算方法。中长期发电能力预测包括两种计算模式：一是各电站按调度图控制（季调节以上有调度图），或者控制各电站的预测期末水位按单站发电量最大模型优化计算，其余电站按径流式无调节能力计算发电量；二是采用估算的方式，建立龙头控制电站的发电量与其所在河流总可发电量的关系，控制龙头电站的运行方式，估算出整个梯级水电站群的总可发电量。

④交互需求。电站对象及基础属性可配置；所有输入信息能自动提取；除静态曲线外的运行约束类输入信息可人工交互；中长期发电能力的计算模式可切换；旬、月发电能力预测周期可切换旬、月和多月滚动（未来连续多月）。

（3）水电消纳能力计算。

水电消纳分析是在考虑电网各类实际约束条件前提下，通过估计电网负荷需求、电力电量交易计划以及水电站的发电能力等因素，评估分析在给定时段内（旬、月、季、年）电网对水电的消纳能力。

①输入信息。计算期开始时间、结束时间；计算期内水电发电能力，提取水电发电能力计算结果；计算期内区域用电负荷；计算期内区域电力电量交易计划；计算期内区域火电发电计划；计算期内区域新能

源发电计划；约束条件，包括水库约束、网架约束等。

②输出信息。计算期内的水电消纳能力，区域水电逐旬、月的水电弃水电量。

③计算方法。考虑水库约束、网架约束、检修情况下，全网富余电量＝水电＋火电＋其他电源＋余留－网供。

④交互需求。计算区域对象可选择；计算期起始时间可设置；所有输入信息能自动提取，亦可人工录入；旬、月计算周期可切换；可针对用电、来水等可变因素不同变化水平进行灵敏性分析。

（4）敏感性分析。

敏感性分析是在水电发电能力和水电消纳能力的算法基础上，考虑某一输入条件的变化对水电发电能力和水电消纳能力的影响。

①输入信息。同水电发电能力计算和水电消纳能力计算的输入条件。

②输出信息。不同敏感源条件下的发电能力和消纳能力的差距分析结果。

③交互需求。在相同初始条件下，针对同一敏感源输入不同的数值，产生多套计算方案，各个计算方案之间可对比分析指定要素。

2. 功能模块

功能模块包括水能利用评价指标计算、水能利用统计分析、能源消纳展示分析、水电消纳统计四大模块。其中水能利用评价指标计算模块是对考核电量、节水增发电量、径流电量等各类指标电量的计算；水能利用统计与分析利用图形、报表等手段，分流域、区域、断面和全网方式全面展示水能利用评价指标计算结果，并可分旬、月、季、年进行统计和对比分析；能源消纳展示分析是结合全网的负荷、发电情况，通过图表展示方法，分区域和全网展示各种电源的装机容量、发电量、本地消纳电量、外送电量及其各自的发电占比，以及统计同比、环比的发电情况；水电消纳统计是针对水电开发反映水电消纳情况的统计及展示功能，包括历史水电装机容量历程及规划装机展示、分流域和全网水电逐月来水评价及同比环比分析、分流域和全网水电逐月发电量及同比环比分析等。

部分模块展示情况如图6-5、图6-6所示。

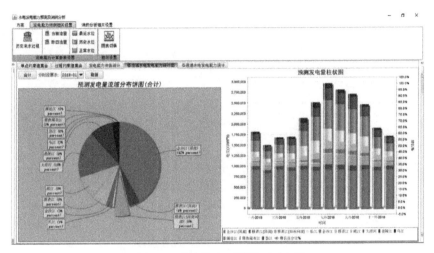

图6-5 发电能力预测界面示意图

单位:亿kW·h	2018-01	2018-02	2018-03	2018-04	2018-05	2018-06	2018-07	2018-08	2018-09	2018-10	2018-11	2018-12	
统调用电量	167.4	141.1	152.5	151.2	192.0	201.6	208.3	208.3	201.6	200.3	187.2	160.0	2170
发电能力	167.9	139.1	155.2	155.0	192.2	227.0	271.5	260.6	252.2	256.2	138.8	163.8	2420
水电	167.2	138.4	154.4	154.3	191.5	226.3	270.8	259.8	251.5	255.4	188.1	163.1	2420
火电	0.0	0.0	0.0	0.0	0.0	0.0	0.0	0.0	0.0	0.0	0.0	0.0	
风电	0.4	0.3	0.4	0.4	0.4	0.4	0.4	0.4	0.4	0.4	0.4	0.4	
光伏	0.4	0.4	0.4	0.4	0.4	0.4	0.4	0.4	0.4	0.4	0.4	0.4	
受入电量	0.0	2.0	0.0	0.0	0.0	0.0	0.0	0.0	0.0	0.0	0.0	0.0	
其中，网间外购													
国调留川													
西南留川													
送出电量	0.0	0.0	0.0	0.0	0.0	0.0	0.0	0.0	0.0	0.0	0.0	0.0	
三大直馈													
德宝直馈													
川渝交馈													
川藏交馈													
水电请峰电量	166.7	138.4	151.8	150.5	191.2	200.9	207.6	207.6	200.9	207.6	186.5	159.2	
水电富裕电量	0.5	0.0	2.8	3.8	0.1	25.4	63.2	52.3	50.6	47.8	1.8	3.9	282
其中:水电													
弃水电量													

（a）

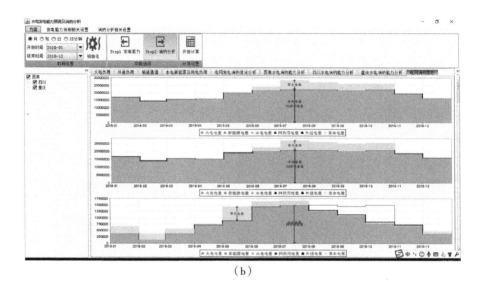

（b）

图 6-6 消纳分析界面示意图

6.2 水风光互补电量库及备用服务运用实践

清洁能源电量库（以下简称"电量库"）是以电网安全稳定运行为基础，充分利用西南电网的调峰资源，统筹优化网内水风光等电能资源，实现资源共享、余缺互济，提高输电通道利用水平，扩大西南电网清洁能源消纳和电力外送规模的一种模式。"电量库"是基于西南电网水风光资源特性，在保障电网安全稳定运行基础上，积极运用市场化手段促进清洁能源消纳的创新交易模式，是具有西南特色的重要应用实践。

6.2.1 水风光互补电量库

西南电网水风光互补电量库目前主要包括重庆电量库和"电力援藏"电量库。

（1）重庆电量库。

重庆电量库主要由锦官电源组和重庆机组构成。其设立目的是为了充分利用川渝、渝鄂通道富余送电能力，实现川渝电网电力电量余缺互济，增加四川富余水电外送。

（2）"电力援藏"电量库。

电量库由西南电网调峰资源构成。建立电量库，将川藏联络线随机性藏电存入蓄水池或提前支取，使川藏联络线调度计划与川渝等后续通道调度计划解耦，后期通过置换等方式消除各联络线间的计划偏差，达到减轻调度运行人员调整工作量、提高跨省通道利用率、保障藏电最大化消纳等多重目标。

6.2.2　水风光互补电量库交易组织

（1）电量库的"置换"。

电量库的"置换"是"先支后还"，即"信用卡模式"。

西南各省（市、区）交易中心向西南分中心申请电量库置换，分中心会同四川、重庆、西藏三省（市、区）调编制电量库置换操作方案。之后，分中心通过北京电力交易平台提前一天发布置换公示，经分中心及三省（市、区）调安全校核通过后，下达置换后的支取交易计划和返还交易计划，随后调整联络线计划并实施。

（2）电量库的"存取"。

电量库的"存取"是"先存后取"，即"储蓄卡模式"。

西南各省（市、区）交易中心提前向西南分中心报送跨省区交易预计划，分中心结合西南电网实际情况确定当月保障性计划和电量库计划。实际电网运行过程中，三省（市、区）调向分中心提出电量库"存入"或"支取"申请计划，由分中心利用电量库调节资源，结合川渝、渝鄂联络线运行情况灵活调整联络线计划，同时做好电量库存取统计，月内消除存取偏差。

6.2.3　水风光互补电量库电量结算

电量库交易实行日清月结，原则上置换电能可在年内或汛期跨月返还。若当月置换电量出现偏差，西南三省（市、区）公司应进行电费结算。经相关省（市、区）电力公司协商一致，也可按照丰、平、枯水期返还并结算。电量库交易置换产生的输电费和输电损耗原则上由交易受益方承担。

6.3 其他互补调度场景

6.3.1 跨网跨省水库调度优化协调

西南地区水能资源十分丰富，随着水电不断开发建设，目前区域内已形成数条装机规模超百万千瓦的梯级水电群。其中，嘉陵江和乌江作为跨网跨省流域的典型代表，梯级水电所属的调度机构不同，所属的发电集团不同，承担的综合用水任务不同，调度管理和优化协调工作量大。在政府相关部门的指导下，各级调度机构和各发电企业共同开展跨网跨省水库调度优化协调工作，统筹防洪、发电、供水、灌溉、航运等综合任务，促进流域水能资源的优化配置。

1. 嘉陵江流域水库调度优化协调

（1）水情预测会商。

嘉陵江流域呈扇形分布，具有来水陡涨陡落的特征，做好来水预测对水库优化调度具有重要意义。西南分中心建立了气象、水利、发电和电网共同参与的水情定期会商机制，丰水期逐月组织相关单位开展水情会商，研判嘉陵江流域来水趋势。各发电企业做好与气象、水利部门的联系，滚动开展未来3~7天、旬、月等时段的来水预测，为调度机构合理安排水库运行方式提供参考依据。

（2）水情信息共享。

流域来水信息是发电企业制订生产经营目标、安排水库运用计划的基础，长期以来发电企业对水雨情等基础信息共享具有迫切需求。西南分中心和四川省调依托水情数据上报系统，搭建了嘉陵江流域水情信息共享平台，实现了全流域水电站日和实时水位、流量等信息共享。分中心发挥组织协调作用，进一步打通四川省调向重庆市调传输水情数据的新路径，实现了调度机构间、跨省流域上下游间信息贯通。通过加强信息共享，促进了水电厂来水预报精度提升，电网和水库运用方式安排更加合理。

（3）水库优化调度。

各级调度机构实施全网水电统一调度，编制长、中、短期水库运用方案，枯水期统筹供电与消纳目标，安排亭子口、宝珠寺等水库有序消落水位，为汛期多消纳水电腾出空间；汛期严格落实防洪度汛工作要求，合理控制水库运行水位，发挥调蓄能力，拦洪错峰削峰，保障水库大坝及沿江两岸人民生命财产安全；汛末拦蓄尾洪，保持水库高水位运行，提高运行经济性，为枯水期电力供应奠定基础。

（4）保障综合用水。

嘉陵江流域梯级水电除具有发电功能外，还承担着防洪、供水、灌溉、航运、生态等综合用水任务。2018 年成功阻击"7·11"超 50 年一遇特大洪水，避免了下游城镇百万群众的紧急避险转移。2020 年成功抗击嘉陵江 1-2 号洪峰及长江 1-5 号洪峰，两次削峰、三次错峰，拦蓄洪量 26.7 亿立方米，减少受灾 70 余万人。按照相关部门要求，在枯水期及局部缺水时段，做好向下游补水供水工作，为沿江地区生产、生活和生态用水提供了重要保障。此外，自 2019 年 6 月亭子口电站升船机具备通航条件以来，配合航道主管部门安全过船 90 闸次，通过各类船只 329 艘，有力促进了嘉陵江航运的快速发展。

2. 乌江流域水库调度优化协调

（1）跨网跨省联系机制。

基于"充分利用国家清洁能源、不损害各方经济利益"的原则，建立了覆盖国家电网和南方电网三级调度机构，乌江贵州境内和重庆境内水电企业的沟通联系机制。当乌江上游水库运用方式或水雨情发生重大变化时，上游水电厂及时告知下游水电厂，以便及时调整水库运用方式。

（2）水情信息互通共享。

基于防洪安全、促进消纳等共同目标，乌江流域上下游水电厂建立了雨量、水位、流量等信息共享机制。下游水电厂根据上游水雨情变化，及时调整水库运用方式，促进水能资源利用。上游水电厂则根据下游水位和流量情况，合理控制水库运用方式，保障下游地区防洪度汛安全。

（3）水库调度经验交流。

每年组织召开由能源主管部门、调度机构、发电企业等单位共同参与的乌江流域水电优化运行协调会，报告流域水雨情情况、水库优化调度情况、水电运行存在的问题，分享工作经验，提出针对性建议，促进流域梯级水库群调度水平不断提升。

6.3.2　基于互联大电网的水风光互补消纳探索与实践

从全球范围来看，为应对清洁能源发展，世界主要发达国家除保持清洁能源与灵活调节电源均衡发展外，重要的是通过加强电网互联，扩大清洁能源消纳范围。从国内运行情况来看，清洁能源消纳与全国互联电网发展密切相关，运行好、建设好互联大电网是促进西南水风光消纳和保障区域供电安全最为有效的措施。随着川藏联网、川渝通道等一系列重大工程的建成，西南电网已形成"两交五直"外联格局，跨区最大外送能力超过3000万千瓦，在"西电东送、全国联网"格局中的地位进一步提升，清洁能源送出基地角色进一步强化，为水风光大规模互补调度与消纳提供了坚强支撑。

我国发电资源主要集中在西部地区，其中西南地区以水电为主，西北地区电源结构以火电、新能源为主。根据多年数据比对分析，西北地区新能源冬、春季资源最好，夏季资源相对较差，西南水电和西北新能源具有天然的互补特性。

西北、西南地区电源结构、资源特性差异等特点客观上决定了西部地区具备跨区互补的潜力。通过电网互联，西北地区与西南地区电源互补后，整体火电、水电、新能源装机各占约三分之一，电源结构更为合理，如图6-7所示。

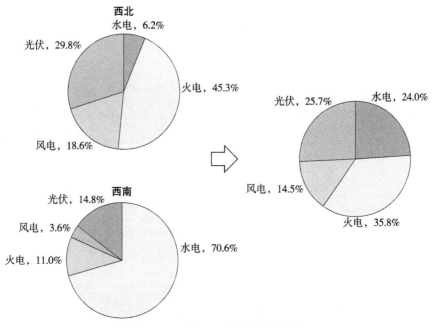

图6-7　西部地区能源结构示意图

西南、西北跨区互补后可以充分发挥不同种类能源的互补特性，提高清洁能源消纳能力，缓解西南地区水电丰余枯缺问题。互补前，西北新能源、西南水电均大量富余。互补后，丰水期西南水电可与西北新能源打捆送出，一方面可减少西北火电开机，提升西北消纳西南水电的空间，另一方面西南水电平抑西北新能源波动幅度，既提高了西北外送电力的品质，又提高了西南水电借道西北电网外送消纳的范围和空间；枯水期，西北新能源和火电可向西南补充水电缺额，也可借西南外送通道送至区外消纳，提高西北新能源消纳空间，如图6-8所示。通过大电网互联，实现西北、西南跨区水火风光多能互补，有效提升西南水电和西北新能源消纳能力，实现多方共赢。

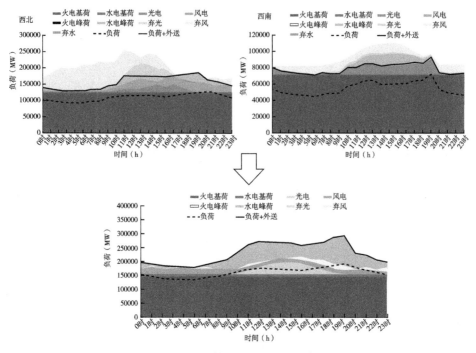

图6-8 互补前后工作位置示意图

基于西南水电和西北新能源的互补特性，探索研究了西南与西北互补调度工作办法。当区域电网某一侧存在跨区备用互济需求或富余清洁能源消纳需求，且对侧电网存在消纳空间时，经安全校核，通过"日前+日内"方式开展跨区互补调度，调整跨区通道输送功率，实现跨区备用互济和清洁能源优化配置目标。

第7章

水风光互补调度技术发展展望

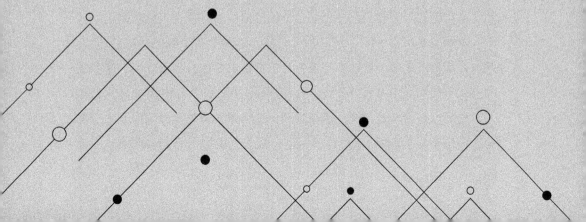

7.1 水风光发电预测技术

7.1.1 水文预报

1. 短期水文预报

目前，用于我国短期水文作业预报的方法常规上可以分为基于相关图法的实用水文预报方案和基于物理概念的水文预报模型两种。随着地理信息系统技术、雷达测雨和卫星云图技术应用能力的大幅度提高以及数值方法和水文学理论的不断进步，水文预报将步入立足于传统方法与基于下垫面地理信息的分布式流域水文模拟相结合、水文气象预报耦合的新阶段。

（1）多源降水融合技术。

随着气象雷达、气象卫星等探测技术的发展，降水监测的水平有了很大提高，为降水短时预报与水文短时预报的结合创造了条件。在天气雷达资料的面雨量合成和多源降水信息融合技术方面，美国和欧洲处于领先水平。如美国已经建立了由多探测器降水估算技术和人机交互雨量订正技术共同构成的定量估算降水业务应用系统，并和水文预报模型结合，应用在山洪指导系统（FFGS）和美国天气局河流预报系统（NWS-RFS）中。意大利博洛尼亚（Bologna）大学开发的 RAIN – MUSIC 软件，能实现多源降雨信息同化和数据融合，可以作为利用雷达和卫星得到足够准确的降雨监测预报和面雨量估算值的最好途径，该功能模块已纳入欧洲洪水预报系统（EFFORTS）中，显著提高了降雨估算的质量。我国目前仍以地面雨量站观测为主，包括人工站和自动雨量站，这些测站分属于气象、水文等不同部门，目前信息互享还有较大难度。近年来，我国已开始实施天气雷达监测网，拟将得到覆盖我国范围的 1 千米×1 千米网格的雨量信息。目前，新一代天气雷达网已初步建成。在天气雷达资料的面雨量合成技术、多源降水信息融合技术方面，我国尚处于实验探索阶段。

（2）水文气象耦合预报技术。

利用多源降水信息融合技术估算流域分区降雨，从而提高短期水文预报精度，是国内外目前研究的热点。天气雷达测量降水具有覆盖面广、时空分辨能力强的优点，能提供时段小至 5 分钟和空间分辨率小至 1 平方千米的雨量估测值。国外雷达测雨信息已广泛应用到水文预报中，如欧洲 6 个国家联合开发的欧洲河流预报系统（EFFS），即通过水文、气象模型的集合，提供欧洲主要河流 4 天至 15 天的预报。近年来，我国开展了数值预报雨量与洪水预报模型直接连接的试验研究，取得了较好的应用成果。

（3）基于 DEM 的分布式水文模型。

分布式模型可以反映时空变化过程，可对流域内任一单元进行模拟和描述，从而把各个单元的模拟结果联系起来，扩展为整个流域的输出结果，同时还能兼容小区域试验研究出的关系，能更恰当地模拟流域的自然时空过程，其运行结果可信度较高，是未来模型发展的方向。当前，国际上分布式水文模型有三种建模思路：一是利用 DEM（数字高程模型）生成数字流域，在每个子流域上应用现有的概念性集总模型来推求径流，再进行汇流演算，最后求得出口断面流量，这类模型也称松散性耦合型分布式水文模型；二是基于 DEM 推求地形空间变化信息，利用地形信息（如地形指数）模拟水文相应的特性，并利用统计方法求得出口断面流量，如变动产流面积的概念性分布式水文模型；三是应用数值分析来建立相邻网格单元的时空关系，这类模型也称紧密耦合型分布式水文模型或具有物理基础的全分布式水文模型。在分布式水文模型原理和建模方面，国外不仅很早就研制出了广泛使用的 SHE（System Hydrology European）、TOPMODEL（topograph based Hydrological Model）、VIC（Variable Infiltration Capacity）等模型，而且在 RS（遥感）和水文数据基础、GIS 技术及其交叉学科联合等方面都有了深入的研究。尽管我国分布式水文模型建模研究起步较晚，但是近些年来取得了较大进展，许多学者都进行了非常有意义的探索性工作。当前，我国现有的水文站网尚难以适应我国现阶段经济发展水平的需要，存在大规模的资料短缺地区，特别是对西北地区、国际河流区等，水文资料缺乏，又不能利用常规的方法进行资料插补，因而无法满足水文预报、流域水资源规划、综合调度和管理的需要。为此，以后有必要加强资料短缺地区有物理基础的分布式水文模拟技术的应用研究。

（4）大范围洪水预测预警技术。

欧洲、美国等发达地区和国家利用先进的专业技术和现代信息技术，对洪水可能造成的灾害进行及时准确的预测，发布警示信息，并逐步建立以地理信息系统、遥感系统、全球定位系统为核心的"3S"洪水预警系统，如欧洲洪水预报系统（EFFORTS）、美国 USGS（美国地质调查局）开发的饥荒早期预警系统（FEWS）、美国国家水文研究中心研发的大范围山洪早期预警系统（Flash Flood Guidance System）。在"3S"技术大范围洪旱动态监测与预测预警方面，目前我国尚处在应用性研究阶段。

（5）产品化水文预报模型库。

我国在水文模型通用化、商业化研究上起步较晚。水利部水文局开发的"中国洪水预报系统"研究了新安江模型、API 等模型的规范化工作，创造了水文模型库的雏形，开发人员可在后台设置有关参数来调用有关模型。长江水利委员会水文局所开发的 API 模型建模程序等近 10个水文模型建模程序具有通用的水文模型和数据预处理程序，初步实现了洪水预报模型建模全过程各环节的整合，把传统的手工作业全部移植到计算机上实现，探索了建模过程中各个层次的分析工作规范化的途径。就全国总体水平而言，模型产品化程度不高，应用范围不广。目前，全国仍然没有一套业务部门统一采用的水文预报模型库，大多数水文业务部门所用的洪水预报系统中水文模型大多是针对特定问题、特定区域研制开发，重复开发现象比较严重。为推动水文行业预报技术的进步，当务之急是加速研究建立产品化水文模型库，推广应用已经成熟的常用水文预报模型技术。

2. 中长期水文预报

由于预见期的增长，中长期水文预报在方法上显然无法利用实测降水资料通过产汇流计算或应用上下游关系来获得预报结果，必须考虑影响水文过程的各种因素或分析水文要素自身的演变规律来进行预报。传统的中长期预报方法主要是根据河川径流的变化具有连续性、周期性、地区性和随机性等特点来开展研究，主要有成因分析和水文统计方法。近些年来，计算机技术的发展和新的数学方法的不断涌现，为中长期水文预报拓展了很多新的途径，如模糊数学、人工神经网络、灰色系统分析、小波分析等以及这些方法的相互耦合等。

（1）模糊数学预测方法。

模糊数学预测方法是从20世纪80年代开始发展起来的新方法，目前相关学者已在水利、水文、水资源与环境科学领域中进行了模糊集的应用研究，并将模糊集分析与系统分析结合起来，形成了新的模糊随机系统分析体系，建立了模糊模式识别预测模型。随后水文学者又提出了中长期水文预报的综合分析理论模式与方法，该方法将水文成因分析、统计分析、模糊集分析有机地结合起来，为提高中长期水文预报的精度提供了一条新途径。模糊分析的引进丰富了中长期水文预报理论，但由于信息模糊化带有明显的主观性，其应用受到了一定的限制。

（2）人工神经网络方法。

人工神经网络模型是高度非线性模型，能够有效地模拟本质为非线性的实际水文系统，20世纪90年代以来，该方法在中长期水文预报中得到了广泛的应用。我国许多学者在这方面做了大量研究，结果表明，人工神经网络模型在预见期和预报精度上较传统的回归模型都有明显的优越性。但是，影响人工神经网络拓扑结构的因素众多、参数优选理论发展不甚完善，制约了人工神经网络模型优势的发挥，使之在应用推广方面遇到了一定的困难。

（3）灰色预测方法。

中长期预报对象不确定性成分较多，包括系统动力学本身的复杂性、变化的随机性及人们认识的不完整性，而且各种成分难以严格区分。灰色系统方法将它们的总和视为具有灰色特性的系统，抓住已知信息及其规律，并通过整体的不确定性分析，找到最佳预测结果或区间范围。它不仅强调信息源的开发利用，而且强调从杂乱无章的数据中找到内在规律。灰色系统理论方法思想新颖、操作简单，较适合水文资料信息不充分条件下的中长期水文预报。但是，由于灰色系统比较适合具有指数增长趋势的问题，因此对于其他变化趋势会出现拟合灰度较大而导致精度难以提高的现象，而且灰色系统理论体系正处于发展阶段，其在中长期水文预报中的应用多属于尝试和探索性质。

（4）小波分析方法。

任一水文序列均含有多种频率成分，每一频率成分都有自身的制约因素和发展规律，因此仅从水文序列本身出发构造模型，难以把握水文序列的内在机制，有必要对水文序列进行分频率研究，而小波分析方法正好提供了一种便利的时频分析技术。从实际应用情况看，小波分析在中长期水文预报中的应用主要体现在以下两点：一是用于分析水文序列的变化特性，检测水文序列的周期，通过小波变换可以滤去部分随机波动的干扰，进而测定水文序列的周期，这比利用方差分析确定的周期更加可靠。二是对水文序列的各种成分进行分解，并通过重构随机模拟序列过程进行有效的预测。

7.1.2　风电功率预测技术

风电功率预测以风电场基础信息、功率、风速等数据建立气象数据与功率数据之间的映射关系，即功率预测模型，进而根据气象或实测功率等输入数据，提前预知未来一段时间、逐时刻风电功率。

1. 数值天气预报技术

数值天气预报（Numerical Weather Prediction，NWP）可为风电功率预测提供气象要素的变化信息，是风电功率预测的基础。不同于公共气象服务，应用于风电功率预测的 NWP 对预报数据的时间分辨率、空间分辨率、预报时长等有特殊要求，NWP 技术较为复杂，影响风速、风向等参量预报精度的原因较多，需采用针对性的方法降低预报误差。

根据 NWP 误差产生的原因，以及风电功率预测技术对 NWP 的具体需求，提升风能资源预报精度可通过优化区域模式初始条件、开展集合预报等技术实现。

2. 确定性预测方法

风电功率确定性预测指通过一定的技术手段，给出未来各时段风电功率唯一预测值的技术，具有直观明了、实用性强的特点。物理方法是风电功率预测中最早采用的方法，采用类似欧洲风图集的方法，将 NWP 的风速、风向等信息，通过微观气象学理论转换到风电机组轮毂高度处，然后根据功率曲线将风电机组轮毂高度处的风速转化为单台风电机组的发电功率，全场累加获得整个风电场的预测功率。统计方法是基于"学习"的算法，其基本原理是通过一种或多种算法，建立 NWP 中多维气象参量与实际功率数据的映射模型，依据该模型，根据未来的 NWP 数据对风电场发电功率进行预测。目前，风电功率预测中的统计方法种类繁多，如人工神经网络方法、支持向量机法、K 近邻算法、遗传算法、模糊聚类算法、粒子群优化算法以及深度学习算法等。其中使用最多的是基于人工神经网络的统计预测方法。

人工神经网络（简称神经网络）是人类在对其大脑工作机理认识的基础上，以人脑的组织结构和活动规律为背景，反映人脑的某些基本特征，模仿大脑神经功能而建立的一种信息处理系统。其本质是对人脑的某种抽象、简化和模仿，是理论化人脑的数学模型。

物理方法和统计方法有各自的优点，因此，将这两种方法结合起来使用效果会更佳。尤其对于复杂地形的风电场来说，物理方法可以通过更高分辨率的计算以及更完善的物理描述来获得局部的气象信息，统计方法可以对各台风电机组的风速功率曲线进行学习。这样的组合方法既考虑了各风电机组所处位置风能资源的不同，也考虑了风电功率曲线随着时间和环境的变化，有利于提高风电功率的预测精度。随着人工智能、大数据挖掘等前沿技术的发展，风电功率确定性预测未来可能在如下方面取得新进展。

（1）区域集成建模技术。

目前的风电短期功率预测物理方法采用单场建模方式，模型复杂，建模工作量大。随着大数据技术和超级计算机的发展，区域集成建模技术将成为未来发展的方向，结合地理信息系统，融入地形、地貌基础数据，同时从卫星图片系统中提取并融入最新的地形信息，形成底层物理构架；在物理层上，构建所有风电机组的标准模型库和风电机组、测风塔等风电场相关信息的标准导入接口，形成模型层；输入 NWP 及其他实时信息，获得任一风电场、区域乃至全国的风电功率预测结果，并能进行相关分析，形成应用层。最终实现风电的高效、准确预测。

（2）基于深度学习的智能预测建模技术。

对于预测模型本身，除了对现有方法的改进之外，近年来，随着深度学习的发展，一些学者提出基于深度学习的预测模型，该方法主要基于机器学习、智能算法以及多层神经网络建立。由于智能模型具有自学习能力，与物理、统计模型相比，其具有更高精度的预测结果。随着深度学习的不断发展，基于神经网络的预测模型越来越受到人们的关注，已提出的神经网络包括深信度网络、深度神经网络以及循环神经网络等。

（3）数值天气预报循环更新技术。

以实时的卫星数据、气象站观测数据、新能源电站资源观测数据等为输入，采用 NWP 循环更新技术，循环更新未来临近时段的 NWP 数据，提高用于风电超短期功率预测精度的 NWP 数据的精度。

（4）基于波动持续规律挖掘的超短期预测技术。

结合人工智能、大数据挖掘等前沿技术，以风电功率波动的持续规律为依据，通过识别和挖掘历史类功率波动的持续规律，实现风电超短期功率的预测，形成不同于传统预测技术路线的超短期预测方法。

3. 概率预测方法

风电功率概率预测是在确定性预测结果的基础上，给出不同置信度下确定性预测结果可能的偏差范围，或针对某一波动剧烈的事件开展针对性风险概率预警，前者称为功率区间预测或误差带预测，后者称为爬坡事件预测。概率预测可以提高功率预测在调度策略优化中的支撑价值,提升功率预测的实用化水平。在对风电功率区间预测建模的历程中,大致呈现出以下发展趋势。

(1)从非条件性建模走向条件性建模,从单条件性建模走向多条件性建模。

(2)参数预测模型中设置的参数数目呈现增长趋势,更多的非参数化建模方法被提出。

(3)智能学习算法在预测中的应用愈加普遍,且国内外学者对深度学习等先进机器学习算法的应用研究倾注了更多精力。

(4)多模型组合预测理论也为提高区间预测模型的精度与普适性提供了新思路。

总体来说,当前国内外已掌握的风电功率区间预测技术与实际应用还有较大的改进空间,主要包括以下几个方面。

(1)预测误差分布描述的普适化与精准化。风电功率确定性预测的误差分布具有显著的"厚尾"特性,单一分布形式无法精确匹配所有风电场的样本数据。因此,可尝试构建一组分布函数来灵活调整预设的误差分布形式;或是借助组合预测理论,将多个参数、非参数预测模型的优势高效融合,提高对预测误差分布的估计精度与模型的普适性。

(2)发展风电集群区间预测技术。区域风电场站总功率与单一场站功率相比具有更强的规律性,并且在实际调度中常将邻近场站作为整体加以考虑,进行运行的优化决策。因而,在预测中,可以通过集群划分与规律提取技术,对风电集群实施区间预测,提高预测结果的准确性与可用性。

(3)发展数据驱动的风电区间预测技术。为了避免模型过于复杂,在统计预测模型中往往难以全面考虑影响风电功率的多种因素,从而会在解释变量选择和建模过程中引入误差。因此,可尝试通过基于状态空间重构的经验动态建模技术等数据驱动的方法,挖掘相关变量时间序列中隐含的演化规律,客观描述发电的动态过程,实现风电区间预测性能的提高。

（4）充分考虑区域网源特性的爬坡事件定义。各风电场接入的区域电力系统的网源结构特征，特别是电源调节能力不尽相同，爬坡事件定义方法所设定的判定阈值难以适用不同风电场或同一系统不同时刻的运行工况。所以，有必要根据区域网源结构及各种调节设备的容量及调节速度，分析系统对风电爬坡事件的承受能力，更加合理地设定爬坡事件定义中的阈值。

7.1.3　光电功率预测技术

1. 数值天气预报技术

数值天气预报（NWP）可为光伏发电功率预测提供辐照度等气象要素的变化信息，是光伏发电功率预测的基础。NWP 是在给定初始条件和边界条件的情况下，数值求解大气运动基本方程组，由已知初始时刻的大气状态预报未来时刻的大气状态。NWP 模式分为全球模式和区域模式。全球模式覆盖整个地球，其目标是求解全球的大尺度大气环流状况，目前世界上较为著名的全球模式包括美国的全球预报系统（Global Forcasting System，GFS）模式、欧洲中期天气预报中心（European Centre for Medium-Range Weather Forecasts，ECMWF）模式、加拿大的全球多尺度预报（Global Environmental Multiscale，GEM）模式、日本的全球谱模式（Global Spectral Model，GSM）等，我国的全球模式主要包括 T639 和新一代全球/区域同化和预测系统（Global/Regional Assimilation and Prediction System，GRAPES）模式。目前，全球模式的预报数据已成为各个国家开展气象预报的主要参考信息。

此外，全球模式还能为区域模式提供必需的背景场数据，供其提取初始条件和边界条件。全球模式的水平空间分辨率一般在几十千米量级，由于分辨率较低，全球模式难以体现风场、云层和辐照度的中小尺度精细变化，对于光伏发电功率预测的应用场景，一般需要使用较为精细化的区域模式。区域模式水平空间分辨率一般在几千米量级，能够更准确地模拟中小尺度气象变化，且能同化吸收更多的局地观测数据，预报结果较全球模式更为精确。目前较为著名的区域模式包括美国的中尺度天气预报（Weather Research and Forecasting，WRF）模式、跨尺度预报模式（Model for Prediction Across Scales，MPAS）和我国的中尺度区域同化和预测系统（GRAPES-Meso）等。

2. 人工智能预测技术

人工神经网络是模拟人类大脑神经系统的一种数学模型。典型神经网络是由大量简单的处理单元组成高度复杂的非线性自适应系统。虽然单个神经元的结构极其简单，功能有限，但是大量神经元构成的网络系统可实现较为强大的功能。根据不同的分类方式，神经网络算法可分为不同的种类。如按学习方式的不同，可分为有监督学习神经网络和无监督学习神经网络；按信息传递规律的不同，可分为前馈神经网络、反馈神经网络及自组织神经网络等。

深度学习本质是学习样本数据的内在规律，通过建立一种深层非线性网络结构，先将初始的低层特征表示转化为高层特征表示后，再进行各种目标的学习，可以解决很多高维度的复杂问题。深度学习是根据海量的训练数据，通过构建具有多隐含层的机器学习模型来学习更有用的特征，从而提升分类或预测的准确性。深度模型是手段，特征学习是目的。区别于传统的浅层学习，深度学习的不同体现在以下两个方面。

（1）强调了模型结构的深度，包含 2 个及以上隐含层的神经网络均可归为深度学习网络，对于特别复杂的计算问题，甚至需要建立 10 个以上隐含层的深度学习网络。

（2）明确突出了特征学习的重要性，也就是说，通过逐层特征变换，将样本在原空间的特征表示变换到一个新的特征空间，从而使分类或预测更加容易。与人工规则构造特征的方法相比，利用大数据来学习特征，能够更好地刻画数据的丰富内在特征。

研究区域需要预测多个光伏电站的发电功率时，以及在采用高分辨率云图像作为输入的复杂问题上，由于处理数据维度高、数据间相关性复杂，浅层神经网络难以较好描述这种复杂的映射关系，此时可以采用深度学习网络模型改善光伏发电功率预测效果。

除人工神经网络模型外，一些其他常见的统计模型，如极限学习机、SVM等也被用于光伏发电功率预测中。

①极限学习机。极限学习机（Extreme Learning Machine，ELM）是一种单隐含层的前向反馈神经网络，具有计算效率高、泛化能力强的特点，在光伏发电功率预测中有着较多的应用。极限学习机隐含层节点参数可以随机或人为给定，而且在训练过程中不需要调整，输出权重参数可以通过解析法进行矩阵计算得到。因此，相对于传统的梯度学习神经网络方法，极限学习机计算效率更高。在简化隐含层参数优化的同时，对于同一问题，为达到相似的拟合精度，极限学习机所需要的节点数量通常要多于BP神经网络的节点数量。

②支持向量回归。支持向量回归（Support Vector Machines，SVM）是一种基于核函数的监督型机器学习算法，最初用于解决分类问题。SVM非常擅长解决复杂的具有中小规模训练集的非线性问题，甚至在特征多于训练样本时也能有非常好的表现，但是随着样本量的增加，SVM模型的计算复杂度也会明显增加。支持向量回归则是在SVM原理的基础上用于解决回归问题的算法。支持向量回归可以良好拟合解释变量和光伏发电功率之间的非线性映射关系，且模型具有良好的泛化能力，在光伏发电功率预测中得到了广泛的应用。

③k近邻回归。k近邻回归（k-Nearest Neighbors）是一种经典的非参数机器学习算法，其基本思想是在特征空间中搜索与目标点最相似的k个样本，再根据这k个样本结果进行分类和回归。这种算法无须提前进行参数训练，只在预测或分类新的目标时才进行计算，因此被称为基于实例的学习（Instance-Based Learning）算法或懒惰学习（Lazy Learning）算法。在光伏发电功率预测中，如果采用k近邻回归算法，功率预测值可以通过k个样本的加权平均求得。

④决策树回归。决策树（Decision Tree）是一种常见的监督型机器学习算法，可以实现分类及回归功能，其基本思想是通过一系列的决策划分最终得到预测结果，符合人类思维的逻辑判断过程。相对于神经网络模型的"黑盒子"特性，决策树模型更加直观，也更方便理解。一棵决策树通常包含一个根结点，若干个内部结点以及若干个叶结点。叶

结点对应决策结果，其他每个结点则对应一个属性测试，每个结点包含的样本集合根据属性测试的结果划分到子结点中。根结点包含样本全集，从根结点到每个叶结点的路径对应了一个判定测试序列。

⑤小波分析算法。小波分析具有多分辨率分析的特点，在时域和频域都具有表征信号局部信息的能力。近年来，国内外不少研究将小波分析用于分析和预测光伏发电功率，对光伏发电功率进行不同频段的分解和预测，以及异常数据点识别。通常将小波分析算法与其他统计方法相结合进行预测，以深入分析变量之间的关系，提高预测精度。

⑥分类回归算法。分类回归算法以光伏发电功率本身的周期性规律或者不同天气类型下的差异为基础，建立特征指标体系识别分类，划分数据样本，获得相似样本集，再根据相似样本集的特点分别建立预测模型，充分挖掘相似样本的有效信息进行预测。研究表明，采用分类回归算法可以有效提高模型学习效率和预测精度。

3. 云图信息预测技术

根据云图信息预测云团的移动轨迹，预测光伏电站输出功率的波动。即以云观测图像序列为对象，基于分钟级时间尺度下云团形状与运动速度基本保持不变的假设，通过对图像中云团特征的识别与匹配，计算云团位移矢量场及运动速度；然后根据计算得到的云团运动速度，在当前图像基础上进行线性外推，预测得到未来某时刻天空中的云团分布；再根据"云团分布—光伏电站的云团遮挡—光伏发电功率"的映射关系，计算得到对应光伏发电功率的预测值。

7.2　计及风光调节的水库群多目标优化调度技术

水库往往承担发电、防洪、供水、航运、拦沙、生态等多重任务，如果水库（群）担负调节流域风光出力的波动性的任务，将使水库群调度问题变得更加复杂，这些不同任务间可能存在相互矛盾。综合利用水库调度，既要求水库供水和发电效益最大，又要求尽量减小洪灾风险，还要兼顾生态环境对水库运用的各种要求，是一个典型的多目标问题。如何在现代水库调度决策过程中，协调好系统内各地区、各部门之间的用水矛盾，既要考虑经济效益又要兼顾社会和环境效益，研究满足全系统最佳效益前提下水库所应遵循的调度方式，以揭示其可能出现的问题，已成为当前以及未来水库运行管理中亟待解决的重要课题。综合利用水库运行管理与决策问题的复杂性超过了以往，传统的单目标优化与决策的方法已经不能适应新时期水库调度的要求。水库群多目标联合运行必须基于可持续发展的理论，解决水资源在系统内各地区、各部门之间最优分配的问题，使有限的水资源获得最大的经济、环境、社会效益。综合利用水库优化运行的基本思想是兼顾各用水单位之间的利益，促进水资源在社会经济各部门的合理分配，达到水资源高效利用的目的，综合利用水库多目标优化调度是促进社会经济与资源环境协调发展的一大举措。另外，水库群多目标联合运行可以促进水资源合理高效利用，开展水库群多目标联合运行，不断提高运行管理水平，充分发挥运行效益，这是发挥工程和设备潜力，充分利用水能资源的一项增产措施，也是减少能源消耗的一项节能措施，对国民经济和社会发展及人民生活水平的提高有着重要的现实意义，其经济效益相当显著。

根据水库调度研究的特点，未来水库群调度可分为基于优化的水库群调度和基于规则的水库群调度等。

7.2.1 基于优化的水风光互补多目标调度

水库调度是根据水库承担的水利水电任务的主次及规定的调度原则和水库的调蓄能力，在保证大坝安全的前提下，有计划地对水库的天然入库径流进行蓄泄，以达到除害兴利、综合利用水资源，最大限度满足国民经济各部门的要求。

水电系统随机动态规划调度模型的提出，标志着用系统科学的方法研究水库优化调度的开始。水风光调度方法研究是一个典型的大规模多维多目标多阶段的数学规划问题，以系统工程学为理论基础，利用现代计算机技术寻求满足运行方式、调度计划和控制要求的方案。根据水库调度的方式不同，可分为防洪调度、兴利调度、生态调度等。兴利调度的主要任务是在保证水库安全度汛的前提下利用水库的蓄水调节能力重新分配河流的天然来水量，使之符合兴利需水要求，充分发挥水库的综合利用效益。

水风光联合调度运行的目的是在满足市场、电网负荷需求系统约束和上下游防洪安全的前提下，协调风光及各级电站之间的水头、流量和出力的关系，提高水风光利用率，使得有限资源发挥最大的综合效益。水风光互补优化调度作为一个具有复杂约束条件的非线性规划问题，随着流域电站数量的增多，流域上下游电站间水力、电力联系进一步增强。优化问题非线性、强耦合、不确定等特征更加突出，约束条件更加难以满足，问题复杂程度呈指数型增长。

广大学者及水库群调度工作者们从多年的研究和实践中总结了多种有效的水库群调度方法和技术。比如聚合分解法、基于非线性规划数学方法的相关方法、基于动态规划的相关方法以及各种启发式方法等。

（1）水库群调度的聚合分解法及大系统分解协调法是优化水风光运行策略的有效模型，单规则分解时的非线性关系，使分解过程较为复杂。

（2）非线性规划能够有效处理目标函数不可分和非线性约束问题，将非线性规划模型和多维动态规划模型用于水风光互补调度中，通过建立综合利用水库优化调度的动态确定性多目标非线性数学模型，并利用逐次逼近的逐步优化法求解模型的最优解集。由于非线性规划方法并没有通用的程序和解法，因此，实际应用常需要进行线性化，或与其他优化方法相结合。

（3）水风光互补调度具有非线性和随机性的特性，而动态规划可以把复杂的初始问题划分为若干个阶段的子问题，逐段求解，对目标函数和约束没有严格的要求，不受任何线性、凸性甚至连续性的限制。然而，求解多变量复杂的高维问题时，会遇到"维数灾"问题，后来陆续研究出增量动态规划（IDP），微分动态规划（DDP），离散微分动态规划（DDDP），逐次优化算法（POA）等，但是从目前来看，这些方法都未能从根本上解决"维数灾"问题。

（4）启发式规划方法。这类算法通常可以得到全局最优解，而不会像其他传统的优化算法一样出现不能收敛或陷入局部最优的问题。例如将人工神经网络模型与专家系统相结合，建立改进的决策支持模型进行水风光互补调度；用蚁群算法针对多目标水库分别进行短期和长期的优化调度计算；采用粗糙集方法提取水库调度规则，也可将随机模糊神经网络方法以及改进粒子群算法应用于水风光互补优化调度。但总体来看，遗传算法、蚁群算法等这些智能仿生算法都存在着进化速度慢，易产生早熟收敛等问题，并且其效果对参数有较大的依赖性。当变量空间较为狭窄时，将不利于优化算法可行解的搜索。此时如果增大种群数量，增大迭代次数，虽然提高了搜索能力，但计算效率降低。因此，未来研究应着重在对优化算法的改进，提高搜索能力。

传统的计算方法存在约束条件处理困难、计算实时性不高、"维数灾"问题以及易陷入局部最优等不足，需要进一步探索更加有效的求解算法，研究如何增强算法对于大规模水风光互补调度问题的适用性，从而提高实际运用的能力。同时，由于水库群联合调度需要统筹协调发电、防洪、航运、生态等多个目标，全面考虑各个目标要求，因此，只有探索出满足新形势下水风光互补调度决策问题的多目标优化算法和多属性决策方法，合理调度，快速、科学决策，才能充分发挥水风光互补调度的经济和社会效益。

7.2.2　基于规则的水风光互补调度

计及风光调节的水库调度规则是基于对风光波动性出力的调节，根据水库系列来水、库容及出流过程总结出来的具有规律性的水库特征，用以对水库实时调度进行有效控制，通过长系列的历史资料编制的调度规则可以规避来水预报不确定性对水库调度的影响，保证水库的有效运行。水库调度规则通过调度函数来表达。

调度函数是将径流序列、确定性优化方法得到的最优运行轨迹以及决策序列作为水库运行要素的实验观测数据，通过回归分析等方式，获得调度决策与运用要素之间的回归方程，以指导水库调度运行。由于调度函数在面临实际水库状态时，只能够做出唯一一个调度决策，这就使得调度本身存在很大的风险性和不确定性。与此同时产生了另一种调度规则的表现形式即调度图。调度图是将调度函数概化成调度参量（出库流 S、电站出力）与水位之间的线性阶段函数。

常规的调度图通常是选择某一典型年（典型系列），通过径流计算得到，运用时可充分融合调度管理者的经验，并且由于其简单实用、易操作的特点，成为目前应用最广泛的常规调度方式。

7.2.3 水风光互补调度多目标求解技术

在求解多目标最优化问题时，最理想的当然是找到绝对最优解。然而这种解是难求得的，有些问题根本没有这种解，所以通常是求出问题的非劣解。如何生成非劣解，并如何决策最终非劣解是主要探讨的内容之一。多目标的求解技术发展到今天已达数十种之多，根据这些求解方法的功能，可将多目标决策技术分为三大类：一是非劣解的生成技术；二是结合偏好的决策技术；三是结合偏好的交互式决策技术。这三类技术将是未来求解多目标问题的主要技术，另外，将群决策理论技术运用于多目标联合运行决策也是未来的一大发展趋势。

1. 非劣解的生成技术

多目标优化问题的求解过程，也就是寻求向量优化问题非劣解的过程。多目标优化问题一般的求解途径，是将向量优化问题转化为标量优化问题进行求解，即将多目标问题转化为单目标问题来求解。直接生成非劣解的方法有很多，最常用的是权重法、约束法和线性多目标规划、动态规划法等。

权重法是人们日常处理决策问题的主要方法之一，其基本思想是将向量优化问题通过赋予各个目标函数一定的权重，构成一个目标的标量优化问题，再通过改变各个目标的权重值，从而生成多目标优化问题的非劣解。对于一些比较简单的问题，可以用解析的方法求出非劣解集。具体来讲是首先把权重向量作为参数生成权重问题，然后再利用优化问题的最优解应满足多目标问题所有约束条件的要求，确定向量优化问题的非劣解集和相应的权重向量集合之间的关系，从而求出向量优化问题的整个非劣解集。对于较复杂的多目标问题，可用数值法求解。其基本思想是等距离变化每一个权重分量的值，求解相应的权重问题。若其最优解唯一，则解是向量优化问题的非劣解，这样的过程重复进行，直到枚举完所有这种离散取值的权重问题，获得向量优化问题的一组有代表性的非劣解。如果决策者或分析者认为获得的非劣解个数太少或不太理想，可以减小权重分量的变化间隔或采用必要的某些特别的权重，直到满意为止。约束法的基本原理是在多目标问题中，选择其中一个目标作为基本目标，而将其余的目标转化为不等式约束，再通过不断变换约束水平，从而生成多目标问题的最优解。

约束法的解法有解析法和数值法之分。解析法与权重解析法类似，首先将问题写成合适的约束形式，然后应用最优性的必要条件，通过分析求得多目标问题的非劣解。

2. 结合偏好的决策技术

这类方法的基本特点是决策者的偏好明确已知，决策规则起着明显的作用，且决策者的偏好是一次性给出的。这类最终决策不一定是向量优化问题的非劣解，而是根据决策者的优先爱好结构确定的，因此是决策者最满意的解，即最佳均衡解。

根据决策者优先爱好结构的差异，这类方法还可分为不同的子类。

（1）以全部爱好为基础的方法，如多属性价值或效用函数法，Geoffion 的双准则法等。

（2）以权重、优先权、目的和理想为基础的方法，如权重法，目的规划法，理想点法等。

（3）以目标之间的权衡关系为基础的方法，如替代价值权衡法。按照行动方案是否有限，又可分为结合偏好的连续性决策技术和结合偏好的离散性决策技术。

3. 结合偏好的交互式决策技术

这类方法的特点是决策者的偏好只是部分明确，并用以导向生成非劣解，如果决策者认为满意，则计算可告终止；否则，根据决策者的改进偏好（或意见）进行重复计算，直至求出满意解为止。这类决策技术在决策过程中，分析者与决策者始终通过对话交流信息，因此称为交互式技术。这类交互式技术主要包括步骤法、Geofiion 法、Zlotns – Wallenius 法、均衡规划法等，它们均有各自的特点及适用范围。

4. 多目标群决策技术

群决策研究的是一个群体如何共同进行一项联合行动抉择，因此，它研究的问题主要侧重于集结群体中不同个体的偏好，以形成群体偏好，然后根据群体偏好对一些方案进行排序，从中选择群体最偏爱的方案。对于水库多目标运行方案评价与优选决策问题，不同决策者备选方案的评价决策总是有局限性，仅靠单个决策者往往很难甚至不能做出合理的决策。因此，运用群决策技术来增加决策的合理性和科学性在未来水库群多目标联合调度决策中应用潜力较大。群决策技术的应用主要有基于 AHP 的多目标群决策技术、基于欧氏距离的多属性群决策技术、基于有限方案偏好序的多目标群决策技术等。

7.3　水风光互补调度智能决策技术

近些年来，人工智能（包括遗传算法、模糊逻辑和智能代理等）、数据库技术、Web Service，特别是一些专用技术，如网格计算、人机交互、移动计算和代理启发式搜索的算法等技术的发展，为调度决策支持系统的智能化发展提供了强大的技术支撑，扩展了系统辅助决策的深度与广度。

7.3.1　群集智能化算法

传统的优化算法求解日益复杂的调度问题已经显得力不从心，群集智能型优化算法在未来的调度问题求解中必将发挥越来越重要的作用，除了已经较为成熟的遗传算法、人工神经网络算法等，以下群集智能算法也将不断改进成熟。

1. 蚁群算法

蚁群算法模拟了自然界中蚂蚁觅食路径的搜索过程。蚂蚁在寻找食物时，能在其走过的路径上释放信息素（pheromone），蚂蚁在觅食过程中能够感知信息素的存在和强度，并倾向于朝信息素强度高的方向移动。因此，大量蚂蚁组成的蚁群集体行为就表现出两种现象：信息正反馈和随机全局搜索。信息正反馈是某一路径上走过的蚂蚁越多，该路径累积的信息素强度不断增大，后来者选择该路径的概率也越大。随机全局搜索使搜索过程不易过早陷入局部最优。正是蚂蚁群体的这种集体行为表现出的"群集智能"（Swarm Intelligence）保证了蚁群算法的有效性和先进性。蚁群算法（Ant Colony Algorithm，ACA）最早由 M. Dorigo 提出，用于求解组合优化问题，如旅行商问题（Traveling Salesman Problem，TSP）、作业安排调度问题（Job Shop Scheduling）等 NP 完全问题，均取得较好的实验结果。

2. 粒子群算法

粒子群优化算法是基于群体的演化算法，其思想来源于人工生命和演化计算理论。Reynolds 对鸟群飞行的研究发现，鸟类仅仅是追踪它有限数量的邻居，但最终的整体结果是整个鸟群好像在一个中心的控制之下，即复杂的全局行为是由简单规则的相互作用引起的。粒子群即源于对鸟群捕食行为的研究，一群鸟在随机搜寻食物，如果这个区域里只有一块食物，那么找到食物的最简单有效的策略就是搜寻目前离食物最近的鸟的周围区域。粒子群算法就是从这种模型中得到启示产生的，并用于解决优化问题。

3. 免疫算法

免疫算法（Immune Algorithm）是一种全局随机概率搜索方法，具有多样性、耐受性、免疫记忆、分布式并行处理、自组织、自学习、自适应和鲁棒性等特点。通过用抗体代表问题的可行解，抗原代表问题的约束条件和目标函数，采用能体现抗体促进和抑制的期望繁殖率来选择父个体，从而达到快速收敛到全局最优解的目的。

4. 三角旋回算法

三角旋回算法是在探索优化方法时在实际应用中提出来的，算法借鉴了实数编码遗传算法的染色体编码方式和量子进化算法中量子旋转门的进化思想，是最终独立出来的一种新的全局优化方法。

与传统的启发式优化搜索方法相比，群集智能型优化方法不是点对点搜索，而在于群体搜索策略和简单的迭代算子，得以突破邻域搜索的限制，可以实现整个解空间上的分布式信息探索、采集和继承；迭代算子仅利用代表水风光发电量或发电收益的适应度作为运算指标进行随机操作，降低了一般启发式优化方法在搜索最优水库轨迹过程中对人机交互的依赖。群集智能型方法由于具有强大的全局最优解搜索能力，能够快速得到水库最优运行轨迹。因此，群集智能算法是未来求解大规模水风光调度问题的最为重要的算法。

7.3.2 智能化调度系统

水风光调度智能决策支持系统的核心思想是将人工智能技术和其他相关学科的成果及技术相结合，使决策支持系统具有人工智能的行为，能够充分利用人类知识，进行调度决策问题的描述、获取决策过程的过程性知识和求解问题的推理性知识。利用这些知识，通过逻辑推理和创造性思维描述和解决复杂的决策问题，在综合利用知识工程、智能技术及其他相关技术的基础上，进行创造性思维、逻辑推理和判断。因此，它是这些技术与传统调度决策支持系统的集成体，能比传统水库调度决策支持更有效地支持水库调度决策过程中对半结构化或非结构化问题的表示、求解及进行全过程决策。

1. 结构

水风光智能调度决策支持系统是在决策支持系统的基础上集成人工智能的专家系统（Expert System，ES）形成的。决策支持系统主要由人机交互与问题处理系统（由语言系统和问题处理系统组成）、模型库系统（由模型库管理系统和模型库组成）、数据库系统（由数据库管理系统和数据库组成）、方法库系统（由方法库管理系统和方法库组成）等组成。专家系统主要由知识库、推理机和知识库管理系统三者组成。决策支持系统和专家系统集成为智能决策支持系统。

（1）智能人机接口。四库系统的智能人机接口接受用自然语言或接近自然语言的方式表达的决策问题及决策目标，这较大程度地改变了人机界面的性能。

（2）问题处理系统。问题处理系统处于 DSS 的中心位置，是联系人与机器及所存储的求解资源的桥梁，主要由问题分析器与问题求解器两部分组成。

①自然语言处理系统。转换产生的问题描述，由问题分析器判断问题的结构化程度，对结构化问题选择或构造模型，采用传统的模型计算求解；对半结构化或非结构化问题则由规则模型与推理机制求解。

②问题处理系统。它是智能 DSS 中最活跃的部件，既要识别与分析问题，设计求解方案，又要为问题求解调用四库中的数据、模型、方法及知识等资源，对半结构化或非结构化问题还要触发推理机做推理或新知识的推求。

知识库。知识库是知识库子系统的核心。知识库中存储的是那些既不能用数据表示，也不能用模型方法描述的水库调度专家知识和经验，是决策专家的决策知识和经验知识，同时也包括一些特定问题领域的专门知识。知识库中的知识表示是为描述世界所做的一组约定，是知识的符号化过程。对于同一知识可有不同的表示形式，它直接影响推理方式，并在很大程度上决定着一个系统的能力和通用性，是知识库系统研究的一个重要课题。知识库包含事实库和规则库两部分。事实库中存放如"任务 A 是防洪部门要求任务""任务 B 是公司内部任务"一类的事实；规则库中存放如"IF 任务 i 是紧急防洪任务，THEN 任务 i 按最优先安排计划"。

推理机。推理指从已知事实推出新事实（结论）的过程。推理机是一组程序，它针对用户问题处理知识库（规则和事实）。

知识库管理系统。功能主要有两个：一是回答对知识库知识增、删、改等知识维护的请求；二是回答调度决策过程中问题分析与判断所需知识的请求。

2. 特点和功能

水风光智能调度决策支持系统将决策支持系统的人机交互系统、模型库系统、数据库系统和专家系统的知识库、推理机及动态数据库相结合，因此拥有优于传统决策支持系统的特性和功能。

（1）由于智能 DSS 具有推理机构，能模拟决策调度者的思维过程，所以能根据决策者的需求，通过提问会话、分析问题、应用有关规则引导决策者选择合适的模型。

（2）智能 DSS 的推理机能跟踪问题的求解过程，从而可以证明模型的正确性，增加了决策者对决策方案的可信度。

（3）决策者使用 DSS 解决半结构化或非结构化的问题时，有时对问题的本身或问题的边界条件不是很明确，智能 DSS 却可以通过询问决策者来辅助诊断问题的边界条件和环境。

（4）智能 DSS 能跟踪和模拟决策者的思维方式，所以它不仅能回答"what...if..."，而且还能够回答"why""when"一类的解释性问题，从而能使决策者不仅知道结论，而且知道为什么会产生这样的调度结果、调度结论。

由于在智能 DSS 的运行过程中，各模块要反复调用上层的桥梁，比起直接采用低层调用的方式运行效率要低。但是考虑到智能 DSS 只是在高层管理者做重大决策时才运行，其运行频率与其他信息系统相比要低很多，并且每次运行的环境条件差异很大，所以牺牲部分的运转效率以换取系统维护的效率是完全值得的。

3. 智能决策的方法

智能 DSS 采用机器推理方法实现决策支持功能，而人类专家的知识总是有限的，能够以符号逻辑表示并用来推理的知识更是有限的，人类很多专家调度知识并不是一开始就已经具备，很多是在决策过程中学习得到的，如何充分利用在大量决策过程中得到的知识，是人工智能和决策支持系统研究的重要内容。

（1）机器学习。机器学习通过搜索统计模式和关系，把记录聚集到特定的分类中，产生规则和规则树。这种方法的优势在于不仅能提供预测和分类模型，而且能从数据中产生明确规则。如常用的递归分类算法，通过逐步减少数据子集的熵（entropy），把数据分离为更细的子集，从而产生决策树。决策树是对数据集的一种抽象描述，可以作为知识进行推理使用。最著名的机器学习算法为迭代分支法（Interative Dichoto-mic Version 3，ID3）。ID3 通过数据在独立变量算法中数据聚类的距离的最大化，减少数据子集的无序性，可以产生分类树和回归树，是回归分析、聚类分析等统计分析方法的自然延伸。由于递归分类算法根据数据的统计特性进行数据的分类，在有大量噪声数据的情况下具有较好的鲁棒性。除此之外，神经网络、模糊逻辑、遗传算法、粗糙集理论等也被广泛应用于机器学习。

（2）软计算方法。软计算不是一个单独的方法论，而是一个方法的集合，主要包括模糊逻辑、神经计算、概率推理、遗传算法、混沌系统、信任网络及其他学习理论。其本质与传统的智能计算方法不同，在于适应现实世界普遍的不确定性。现有的决策模型一般采用数学方法，对现实世界建立抽象模型，为简化模型，一般需要对要描述的事物做一些假设。模型的有效性也就和这些假设密切相关，当这些假设条件有所改变，模型也就不再适用。现有的人工智能技术也主要致力于以语言和符号来表达和模拟人类的智能行为。软计算方法则通过与传统的符号逻辑完全不同的方式，解决那些无法精确定义的问题决策、建模和控制。如神经计算是受神经生物学研究的启发，计算结构模拟人的大脑结构，通过映射实现知识处理过程的一种方法。

4. 数据仓库和数据挖掘

（1）数据仓库是面向主题的、集成的、稳定的、不同时间的数据集合，用于支持经营管理中的决策控制过程。数据仓库是把分布在发电企业网络中不同信息岛上的商业数据集成到一起，存储在一个单一的集成关系型数据库中。这种集成信息，可方便用户对信息的访问，可方便决策人员对历史数据的分析和对事物发展趋势的研究。数据仓库是一种管理技术，旨在通过畅通、合理、全面的信息管理，达到有效的决策支持的目的。数据仓库通过多数据源信息的概括、聚集和集成，建立面向主题、集成、时变、持久的数据集，从而为调度决策提供可用信息。与数据仓库同时发展起来的联机分析处理（On-Line Analytical Processing，OLAP）技术通过对数据仓库的即席、多维、复杂查询和综合分析，得出隐藏在数据中的总体特征和发展趋势。

（2）数据挖掘（Data Mining）就是从存放在数据库、数据仓库或其他信息库中的大量的数据中获取有效的、新颖的、潜在有用的、最终可理解的模式的非平凡过程。在技术上可以根据它的工作过程分为数据的抽取、数据的存储和管理、数据的展现等关键技术。

①数据的抽取是数据进入仓库的入口。由于数据仓库是一个独立的数据环境，它需要通过抽取过程将数据从联机事务处理系统、外部数据源、脱机的数据存储介质中导入数据仓库。数据抽取在技术上主要涉及互联、复制、增量、转换、调度和监控等几个方面的处理。在数据抽取方面，未来的技术发展将集中在系统功能集成化方面，以适应数据仓库本身或数据源的变化，使系统更便于管理和维护。

②数据的存储和管理。数据仓库的组织管理方式决定了它有别于传统数据库的特性，也决定了其对外部数据的表现形式。数据仓库管理所涉及的数据量比传统事务处理大很多，且随时间的失衡快速累积。在数据仓库的数据存储和管理中需要解决的是如何管理大量的数据、如何并行处理大量的数据、如何优化查询等。解决方案是扩展关系型数据库的功能，将普通关系数据库改造成适合担当数据仓库的服务器。

③数据的展现。查询包括实现预定义查询、动态查询、OLAP查询与决策支持智能查询。报表包括产生关系数据表格、复杂表格、OLAP表格、报告以及各种综合报表。可视化包括用易于理解的点线图、直方图、饼图、网状图、交互式可视化、动态模拟、计算机动画技术表现复杂数据及其相互关系。统计包括进行平均值、最大值、最小值、期望、方差、汇总、排序等各种统计分析。挖掘是利用数据挖掘等方法，从数据中得到关于数据关系和模式的识别。

数据挖掘和数据仓库的协同工作可以迎合和简化数据挖掘过程中的

重要步骤，提高数据挖掘的效率和能力，确保数据挖掘中数据来源的广泛性和完整性。数据挖掘技术是数据仓库应用中极为重要和相对独立的方面和工具。数据挖掘和数据仓库是整合与互动发展的，其学术研究价值和应用研究前景将是令人振奋的。它们是数据挖掘专家、数据仓库技术人员和行业专家共同努力的成果，更是广大渴望从数据库"奴隶"到数据库"主人"转变的企业最终用户的通途。

5. 基于范例推理（Case-Based Reasoning，CBR）

基于范例推理是从过去的水库调度经验中发现解决当前问题线索的方法。过去事件的集合构成一个范例库（Case Base），即问题处理的模型，当前处理的问题成为目标范例，记忆的问题或情境成为源范例。CBR 处理问题时，先在范例库中搜索与目标范例具有相同属性的源范例，再通过范例的匹配情况进行调整。基于范例推理简化了知识获取的过程，对过去的求解过程的复用，提高了问题求解的效率，对有些难以通过计算机推导来求解的问题可以发挥很好的作用。

7.3.3 分布式并行化

调度决策环境的复杂性常常会超出人的求解能力，促使研究者抛开传统的模型求解方法，转而寻求新的技术。随着计算机网络的发展，决策环境出现了新的特点。

①分析、决策中使用的数据不再集中于一个物理位置，而是分散到不同的地区、部门。

②运行在互联网环境里的分析、决策模型及知识处理方法也从集中式处理发展为在网络环境下的分布或分布再加上并行的处理方式。

7.3.4 多时空与多维决策

在决策过程中引入时间、空间等多维准则，可以突破时空限制，优化和改进决策过程，提高支持决策效果。例如，引入数字流域、三维地理信息系统，可以更为直观方便地辅助调度决策，使调度决策产生的效果更为形象化，极大提高支持决策的效果。未来水风光调度决策过程将对时间和空间因素提出更高的要求，这些因素反过来又对决策支持系统的理论和方法提出了新的挑战。

7.4　其他新技术

7.4.1　云计算技术

云计算的基本原理是使计算分布在大量的分布式计算机上，而非本地计算机或远程服务器中，企业数据中心的运行将与互联网更为相似。这使得企业能够将资源切换到需要的应用上，根据需求访问计算机和存储系统。云计算可以将原本分散的资源聚集起来，再以服务的形式提供给受众，实现集团化运作、集约化发展、精益化管理、标准化建设。采用云计算，可以实现水风光互补调度系统内数据采集和共享，最终实现数据挖掘，辅助决策分析等。云计算作为一种计算模型，具备可靠性高、数据处理量巨大、灵活可扩展以及设备利用率高等优势，特别适合大规模水风光互补智能化建设对信息技术的要求。引入云计算，能够在保证硬件基础设施基本不变的情况下，对系统的数据资源和处理器资源进行整合，从而大幅提高水风光互补调度实时控制和高级分析的能力，为大规模水风光互补调度提供强有力的支持。

7.4.2　区块链技术

作为新兴技术，区块链的发展已经得到了全社会的广泛关注，具有智能合约、分布决策、协同自治、防篡改性等特征，在运行方式、拓扑形态、双边交易和协同调度等方面与水风光互补调度有天然相似之处。区块链在能源领域的应用已经开始了初步的探索，目前还处于起步和理论研究探索阶段。主要的理论研究是能源区块链技术特征分析和能源领域的区块链应用模式分析，前者包括区块链的基本特征、能源区块链技术和能源互联网之间的特征匹配，发、输、配、用、储等环节的应用场景和业务模式，区块链对能源互联网中源、网、荷、储等不同主体在计量认证、市场交易、协同组织、能源金融不同环节中发挥作用。后者包括弱中心化管理电力交易办法、基于区块链的供需互动系统架构、能源互联网系统分布式决策和协同自治运行的机制框架等。

尽管区块链技术的广泛应用还存在一定的技术瓶颈，如计算效率、去中心化、隐私和安全等方面还存在需要解决的技术问题，但基于区块链技术在能源互联网中的发展现状，结合区块链技术的完善，可以预见在不远的将来，区块链在去中心化下的垂直分级调度系统和流域梯级水风光的协同调度模式，及基于区块链技术构建的支撑"横向多源互补，纵向协同调度"体系的水风光多能互补调度领域，会有一定的应用前景。

参考文献

[1] 白雪，袁越，傅质馨．小水电与风光并网的经济效益与环境效益研究 [J]．电网与清洁能源，2011，27（06）：75 – 80.

[2] 陈海焱，陈金富，段献忠．含风电场电力系统经济调度的模糊建模及优化算法 [J]．电力系统自动化，2006，（02）：22 – 26.

[3] 陈凯，于溪龙，刘申．含大规模风光互补电力的电力系统动态经济调度分析 [J]．科技经济导刊，2017，（32）：51.

[4] 陈丽媛．新能源的互补运行与储能优化调度 [D]．杭州：浙江大学，2014.

[5] 陈亚爱，张卫平，刘元超，等．风光互补发电系统实验模型的建立 [J]．北方工业大学学报，2004，（03）：57 – 61.

[6] 杜尔顺，张宁，康重庆，等．太阳能光热发电并网运行及优化规划研究综述与展望 [J]．中国电机工程学报，2016，36（21）：5765 – 5775 + 6019.

[7] 段偲默，苗世洪，霍雪松，等．基于动态 Copula 的风光联合出力建模及动态相关性分析 [J]．电力系统保护与控制，2019，47（05）：35 – 42.

[8] 葛晓琳，张粒子．考虑调峰约束的风水火随机机组组合问题 [J]．电工技术学报，2014，29（10）：222 – 230.

[9] 胡庆有．含大规模风光互补电力的电力系统动态经济调度研究 [D]．成都：西南交通大学，2013.

[10] 胡伟，戚宇辰，张鸿轩，等．风光水多能源电力系统互补智

能优化运行策略 [J]. 发电技术, 2013, 41 (01): 9-18.

[11] 嵇仁荣, 郑源, 任岩, 等. 风光互补抽水蓄能复合发电系统的建模与仿真 [A]. 中国可再生能源学会2011年学术年会论文集 [C]. 北京: 中国可再生能源学会, 2011, 351-356.

[12] 李伟楠, 王现勋, 梅亚东, 等. 基于趋势场景缩减的水风光协同运行随机模型 [J]. 华中科技大学学报 (自然科学版), 2019, 47 (08): 120-127.

[13] 李永红, 赵宇, 徐麟, 等. 基于水风光互补优化的清洁能源运行管控系统研究 [J]. 水电与抽水蓄能, 2019, 5 (04): 56-60.

[14] 李志伟, 赵书强, 刘金山. 基于机会约束目标规划的风—光—水—气—火—储联合优化调度 [J]. 电力自动化设备, 2019, 39 (08): 214-223.

[15] 李志伟. 风光高占比多能源电力系统随机优化调度研究 [D]. 北京: 华北电力大学, 2019.

[16] 林虹江, 周步祥, 胡庆有, 等. 基于风光互补电力入网的电力系统动态经济调度 [J]. 可再生能源, 2014, 32 (11): 1671-1678.

[17] 刘飞, 王娟, 彭飞, 等. 黄河上游青海境内梯级水电配合新能源消纳运行方式分析 [J]. 西北水电, 2019, (04): 5-11.

[18] 刘梦依, 邱晓燕, 张志荣, 等. 计及风光出力相关性的配电网多目标无功优化 [J/OL]. https://doi.org/10.13335/j.1000-3673.pst.2019.1206, 2020-05-07.

[19] 刘万福, 赵树野, 康赫然, 等. 考虑源荷双重不确定性的多能互补系统两阶段鲁棒优化调度 [J/OL]. https://doi.org/10.19635/j.cnki.csu-epsa.000406, 2020-04-13.

[20] 刘宇宇. 基于抽水蓄能电站风光互补发电系统的优化调度 [D]. 西安: 西安理工大学, 2019.

[21] 龙军, 莫群芳, 曾建. 基于随机规划的含风电场的电力系统节能优化调度策略 [J]. 电网技术, 2011, 35 (09): 133-138.

[22] 吕崇帅. 含风光水储电源的电力系统优化调度研究 [D]. 哈

尔滨：哈尔滨工业大学，2016.

［23］彭院院，周任军，李斌，等．计及光热发电特性的光—风—火虚拟电厂双阶段优化调度［J/OL］．https：//doi.org/10.19635/j.cnki.csu-epsa.000315，2020-04-14.

［24］秦泽宇，马瑞，张强，等．考虑风光互补的电力系统多目标随机优化发电方案研究［J］．电力科学与技术学报，2015，30（03）：53-60.

［25］任博强，彭鸣鸿，蒋传文，等．计及风电成本的电力系统短期经济调度建模［J］．电力系统保护与控制，2010，38（14）：67-72.

［26］尚志娟，周晖，王天华．带有储能装置的风电与水电互补系统的研究［J］．电力系统保护与控制，2012，40（02）：99-105.

［27］邵冰然，杨建华，左婷婷．风/光/水互补微型电力系统的交直流潮流的研究［J］．小水电，2009，（01）：20-22.

［28］孙宏斌，潘昭光，郭庆来．多能流能量管理研究：挑战与展望［J］．电力系统自动化，2016，40（15）：1-8+16.

［29］孙惠娟，蒙锦辉，彭春华．风—光—水—碳捕集多区域虚拟电厂协调优化调度［J］．电网技术，2019，43（11）：4040-4051.

［30］谭忠富，邢通，德格吉日夫，等．基于CVaR的能源互补联合系统优化配置模型研究［J］．系统工程理论与实践，2020，40（01）：170-181.

［31］田建伟，胡兆光，吴俊勇，等．远距离大容量风水互补系统的优化调度［J］．北京交通大学学报，2011，35（05）：113-118.

［32］王成山，于波，肖峻，等．平滑可再生能源发电系统输出波动的储能系统容量优化方法［J］．中国电机工程学报，2012，32（16）：1-8.

［33］王开艳，罗先觉，吴玲，等．清洁能源优先的风—水—火电力系统联合优化调度［J］．中国电机工程学报，2013，33（13）：27-35.

［34］王宁．多能源互联耦合系统协同优化策略研究［D］．南京：南京邮电大学，2018.

［35］王锐，顾伟，吴志．含可再生能源的热电联供型微网经济运行优化［J］．电力系统自动化，2011，35（08）：22－27.

［36］温正楠，刘继春．水风光互补发电系统与需求侧数据中心联动的优化调度方法［J］．电网技术，2019，43（07）：2449－2460.

［37］吴涛，刘立红，王岱岚．水风光互补发电集控系统总体设计初步研究［J］．水电与新能源，2016，（02）：67－71.

［38］熊铜林．流域水风光互补特性分析及联合发电随机优化协调调度研究［D］．长沙：长沙理工大学，2017.

［39］徐飞，闵勇，陈磊，等．包含大容量储热的电—热联合系统［J］．中国电机工程学报，2014，34（29）：5063－5072.

［40］徐玉杰，陈海生，刘佳，等．风光互补的压缩空气储能与发电一体化系统特性分析［J］．中国电机工程学报，2012，32（20）：88－95＋144.

［41］杨朋朋，张修平，王明强，等．计及调峰能力的风光储联合系统优化调度［J］．电力建设，2019，40（09）：124－130.

［42］杨琦，张建华，刘自发，等．风光互补混合供电系统多目标优化设计［J］．电力系统自动化，2009，33（17）：86－90.

［43］应益强．计及新能源消纳的电网深度调峰优化策略研究［D］．南京：南京邮电大学，2019.

［44］翟猛，孙海龙．风光互补发电微电网系统优化调度研究［J］．科技经济导刊，2018，26（34）：88.

［45］张建华，于雷，刘念，等．含风／光／柴／蓄及海水淡化负荷的微电网容量优化配置［J］．电工技术学报，2014，29（02）：102－112.

［46］张倩文，王秀丽，李言．含风—光—水—储互补电力系统的优化调度研究［J］．电力与能源，2017，38（05）：581－586.

［47］张世钦．基于改进粒子群算法的水风光互补发电系统短期调峰优化调度［J］．水电能源科学，2018，36（04）：208－212.

［48］张歆蓂，黄炜斌，王峰，等．大型风光水混合能源互补发电系统的优化调度研究［J］．中国农村水利水电，2019，（12）：181－185＋190.

［49］张旭，王洪涛．高比例可再生能源电力系统的输配协同优化调度方法［J］．电力系统自动化，2019，43（03）：67－83＋115．

［50］赵理威，张新燕，赵理飞，等．大规模风光火容量配置研究分析［J］．电力建设，2016，37（07）：105－111．

［51］钟迪，李启明，周贤，等．多能互补能源综合利用关键技术研究现状及发展趋势［J］．热力发电，2018，47（02）：1－5＋55．

［52］周玮，孙辉，顾宏，等．含风电场的电力系统经济调度研究综述［J］．电力系统保护与控制，2011，39（24）：148－154．

［53］朱芳，王培红．风能与太阳能光伏互补发电应用及其优化［J］．上海电力，2009，22（01）：23－26．

［54］王勃，王铮，等．风力发电功率预测技术及应用［M］．北京：中国电力出版社，2019．

［55］王伟胜，车建峰，等．光伏发电功率预测技术及应用［M］．北京：中国电力出版社，2019．

［56］黄炜斌，陈仕军，等．流域水电协调智能调度［M］．北京：科学出版社，2019．

［57］李攀光，贺玉斌，陈仕军，等．流域水电智慧调度—大渡河探索与实践［M］．北京：科学出版社，2019．

［58］中国水力发电工程学会，等．中国水力发电科学技术发展报告［M］．北京：中国电力出版社，2013．

［59］朱燕梅，陈仕军，马光文，等．计及发电量和出力波动的水光互补短期调度［J/OL］．https：//doi. org/10. 19595/j. cnki. 1000－6753. tces. 191647，2020－04－13．

［60］朱燕梅，陈仕军，肖贵友，等．可再生能源高渗透率区域的电源结构优化［J］．中国人口·资源与环境，2018，28（S2）：101－104．

［61］Alexandre Beluco, Paulo Kroeff de Souza, Arno Krenzinger. A method to evaluate the effect of complementarity in time between hydro and solar energy on the performance of hybrid hydro PV generating plants［J］. Renewable Energy, 2012, 45：24－30.

[62] Correa-Posada, Carlos M., Sanchez-Martin, Pedro. Integrated Power and Natural Gas Model for Energy Adequacy in Short-Term Operation [J]. IEEE Transactions on Power Systems: A Publication of the Power Engineering Society, 2015, 30 (6): 3347 – 3355.

[63] Getachew Bekele, Getnet Tadesse. Feasibility study of small Hydro/PV/Wind hybrid system for off-grid rural electrification in Ethiopia [J]. Applied Energy, 2012, 97: 5 – 15.

[64] RIFKIN J. The third industrial revolution: how lateral power is transforming energy, the economy, and the world [M]. New York: Palgrave Macmillan Trade, 2011.

[65] 刘吉臻. 大规模新能源电力安全高效利用基础问题 [J]. 中国电机工程学报, 2013, 33 (16): 1 – 8, 25.

[66] 吕翔, 刘国静, 周莹. 含抽水蓄能的风水火联合机组组合研究 [J]. 电力系统保护与控制, 2017, 45 (12): 35 – 43.

[67] 陈爱康, 胡静哲, 陆轶祺等. 梯级水光蓄系统规划关联模型的建模 [J]. 中国电机工程学报, 2018, DOI: 10.13334/j.0258 – 8013. pcsee.180829.

[68] 钱梓锋, 李庚银, 安源, 等. 龙羊峡水光互补的日优化调度研究 [J]. 电网与清洁能源, 2016, 32 (4): 69 – 74.

[69] 胡泽春, 丁华杰, 孔涛. 风电 – 抽水蓄能联合日运行优化调度模型 [J]. 电力系统自动化, 2012, 36 (2): 36 – 41.

[70] 刘方, 张粒子. Z 流域梯级水电优化调度模型与方法研究综述 [J]. 华北电力大学学报（自然科学版）, 2017.

[71] 卢鹏. 梯级水电站群跨电网短期联合运行及经济调度控制研究 [D]. 华中科技大学, 2016.

[72] 王嘉阳. 西南干流梯级水电站群短期与实时精细化调度研究 [D]. 大连理工大学, 2017.

[73] 李佳, 王黎, 马光文, 等. 节能调度下水电站中长期发电计划制定方法研究 [A]. 河流开发、保护与水资源可持续利用——第六

届中国水论坛论文集［C］.

［74］杨东方. 电力市场环境下水电站中长期径流预测及优化调度研究［D］. 成都：四川大学，2003.

［75］蔡界清，梁楚盛，马光文，等. 狮子滩水库径流预测及发电调度应用研究［J］. 水力发电，2017，43（12）：61 –64.

［76］周之豪，沈曾源，施熙灿，等. 水利水能规划［M］. 2版. 北京：中国水利水电出版社，1997.

［77］安源. 水光互补协调运行的理论与方法研究［D］. 西安：西安理工大学，2016.

［78］魏宏阳. 基于改进萤火虫算法的水光互补优化调度研究［D］. 西安：西安理工大学，2017.

［79］丁航. 基于模拟退火粒子群算法的水光互补短期优化调度研究［D］. 西安：西安理工大学，2017.

［80］朱燕梅，邹祖建，黄炜斌，等. 金沙江上游典型电站水光风互补运行研究［J］. 水力发电学报，2017，36（04）：78 –85.

［81］闻昕，孙圆亮，谭乔凤，等. 考虑预测不确定性的风—光—水多能互补系统调度风险和效益分析［J］. 工程科学与技术，2020（3）：32 –41.

［82］An Y, Fang W, Ming B, et al. Theories and methodology of complementary hydro/photovoltaic operation：Applications to short-term scheduling［J］. Journal of Renewable and Sustainable Energy, 2015, 7 (6)：063133.

［83］Ming B, Huang Q, Wang Y, et al. The feasibility analysis of short-term scheduling for joint operation of hydropower and photoelectric［J］. Acta Energ SolSin, 2015, 36 (11)：2731 –7.

［84］Wei Fang, Qiang Huang, Shengzhi Huang, et al. Optimal sizing of utility-scale photovoltaic power generation complementarily operating with hydropower：A case study of the world's largest hydro-photovoltaic plant［J］. Energy Conversion and Management, 2017, 136：161 –172.

［85］Shunjiang Lin, Mingbo Liu, Qifeng Li, et al. Normalised normal constraint algorithm applied to multi-objective security-constrained optimal generation dispatch of large-scale power systems with wind farms and pumped-storage hydroelectric stations [J]. IET Generation, Transmission & Distribution, 2016, 11 (6): 1386.

[86] Wu J. Optimal Scheduling Strategy for Energy Consumption Minimization of Hydro-Thermal Power Systems [J]. Energy and Power Engineering, 2009, 1 (1): 11.

[87] Zhu Y, Chen S, Huang W, et al. Complementary operational research for a hydro-wind-solar hybrid power system on the upper Jinsha River [J]. Journal of Renewable and Sustainable Energy, 2018, 10 (4).

[88] Zhu Y, Chen S, Ma G, et al. Complementary operation of a small cascade hydropower station group and photovoltaic power stations [J]. Clean Technologies and Environmental Policy, 2020 (22): 1565 – 1578.

[89] Zhang X, Huang W, Chen S, et al. Grid-source coordinated dispatching based on heterogeneous energy hybrid power generation [J]. Energy, 2020.

[90] Zhang X, Ma G, Huang W, et al. Short-Term Optimal Operation of a Wind-PV-Hydro Complementary Installation: Yalong River, Sichuan Province, China [J]. Energies, 2018, 11 (4): 868.